JN182841

DIGITAL SERIES

未来へつなぐ
デジタルシリーズ

Web制作の技術

―企画から実装，運営まで―

松本早野香　編著

服部　哲
大部由香
田代光輝　著

32

共立出版

Connection to the Future with Digital Series

未来へつなぐ デジタルシリーズ

未来へつなぐ デジタルシリーズ　刊行にあたって

デジタルという響きも，皆さんの生活の中で当たり前のように使われる世の中となりました．20世紀後半からの科学・技術の進歩は，急速に進んでおりまだまだ収束を迎えることなく，日々加速しています．そのようなこれからの21世紀の科学・技術は，ますます少子高齢化へ向かう社会の変化と地球環境の変化にどう向き合うかが問われています．このような新世紀をより良く生きるためには，20世紀までの読み書き（国語），そろばん（算数）に加えて「デジタル」（情報）に関する基礎と教養が本質的に大切となります．さらには，いかにして人と自然が「共生」するかにむけた，新しい科学・技術のパラダイムを創生することも重要な鍵の1つとなることでしょう．そのために，これからますますデジタル化していく社会を支える未来の人材である若い読者に向けて，その基本となるデジタル社会に関連する新たな教科書の創設を目指して本シリーズを企画しました．

本シリーズでは，デジタル社会において必要となるテーマが幅広く用意されています．読者はこのシリーズを通して，現代における科学・技術・社会の構造が見えてくるでしょう．また，実際に講義を担当している複数の大学教員による豊富な経験と深い討論に基づいた，いわば“みんなの知恵”を随所に散りばめた「日本一の教科書」の創生を目指しています．読者はそうした深い洞察と経験が盛り込まれたこの「新しい教科書」を読み進めるうちに，自然とこれから社会で自分が何をすればよいのかが身に付くことでしょう．さらに，そういった現場を熟知している複数の大学教員の知識と経験に触れることで，読者の皆さんの視野が広がり，応用への高い展開力もきっと身に付くことでしょう．

本シリーズを教員の皆さまが，高専，学部や大学院の講義を行う際に活用して頂くことを期待し，祈念しております．また読者諸賢が，本シリーズの想いや得られた知識を後輩へとつなぎ，元気な日本へ向けそれを自らの課題に活かして頂ければ，関係者一同にとって望外の喜びです．最後に，本シリーズ刊行にあたっては，編集委員・編集協力委員，監修者の想いや様々な注文に応えてくださり，素晴らしい原稿を短期間にまとめていただいた執筆者の皆さま方に，この場をお借りし篤くお礼を申し上げます．また，本シリーズの出版に際しては，遅筆な著者を励まし辛抱強く支援していただいた共立出版のご協力に深く感謝いたします．

「未来を共に創っていきましょう．」

編集委員会
白鳥則郎
水野忠則
高橋　修
岡田謙一

はじめに

Webはもはや技術の一分野としてだけでなく，大量の情報が流通する社会におけるインフラストラクチャとしての役割を果たしているといえる．技術的には当初シンプルであったものが次第に高度化し，他の技術と関連しあいながら高度な機能が実現されるようになった．その結果，多くのユーザがWebに接するが，多くのユーザにとってある種のブラックボックスにもなっている．

こうした状況の中，Web制作を職業として行う者，あるいはその一部に携わることが求められる者の数は増え続けている．本書執筆段階の2015年以降も，しばらく同様の状況が続くことであろう．

しかしながら，Web制作者に必要な能力は実に多岐にわたり，それぞれのプロフェッショナルが隣接領域を理解しながら進めている，というのが典型的なWeb制作現場の風景である．初学者がWeb制作全体について入門的に学習する機会は多いとはいえない．そこで本書は，今後もますます重要性を増すWeb制作について，その全体を俯瞰し，それぞれの能力を入門レベルで身につけることを目的として企画した．

具体的には，単にWebページを作成するにとどまらず，状況に応じた企画を立てる力，企画に応じてWebシステムを活用する知識・技術力，適切なコンテンツ設計やデザインを行う能力（ビジネスでの制作ではしばしば，デザインはデザイナが担当することから，デザイナとのコミュニケーション力），制作プロセスやWebサイト運営をマネジメントする能力などを扱っている．

Webを記述するための言語についてはもとより，Webの基礎的な知識，企画の手法，制作環境や使用するツールの選択肢，公開のための手順，工程管理，制作したサイトの評価方法などに関する知識や技能が，ここには含まれる．しかしながら，これらの知識・技能は異なる分野に属するものである．そこから，先に述べた初学者が自分の必要とする要素をまんべんなく把握し，学習する機会の少なさが生じた．さらに，大学など学校教育の場でWeb制作を扱う場合，実習環境の提供にノウハウとコストを要する．

そこで本書では，それぞれのプロセスについて，初学者を対象として，必要とされる基本的な知識・技能を解説し，パッケージとして提供するものである．企画書や構成図のテンプレート，指定のシステムなどを用いることにより，短期間でWeb制作者に求められる様々な要素を一通り学習することが可能となる．

企画・Webプログラミング・サーバ構築と管理・デザイン・アクセス改善に代表されるWebマスタ業務はそれぞれ，別途深く学ぶべきものであり，書籍も存在する．しかし，制作の全体を把握するための資料がなくては，初学者が全体像を把握することができない．各プロセスに特化する際にも，工程全体を把握しそれぞれの基礎を身につけていれば，その人材の価値はより高まるであろう．

本書は，Web サイト制作やディレクションを担当する職業をめざす学生に対する実務的な入門編となる大学 1 年ないし 2 年向けの授業の教科書を想定している．構成としては，第 1 章から第 3 章までで Web サイトの企画設計を行う．第 4 章から第 10 章までがコンピュータ・ネットワークの技術をもって Web サイトの実装をする部分にあたる．第 11 章から第 13 章までは，制作した Web サイトの運営，すなわち改善と安全性の確保について解説する．

これらのうち，狭義の「Web 制作」は，Web サイトの実装，本書第 4 章から第 10 章までである．しかし，それだけでは実際に Web サイトを制作することはかなわない．第 1 章から第 3 章までの企画設計，そして第 11 章から第 13 章の運営があってようやく「Web の入門を一通り学んだ」といえる，と考え，本書を執筆した．

本書のすべての内容のすべてを実習すると全 15 回の授業には過大である．講義科目として説明するのみの部分，演習に使用する部分と分けて調整する，あるいはサーバサイド側で使用するソフトウェアを割愛するなど，教授者の意図により，難易度の調整が可能なつくりになっている．範囲外の部分は必要に応じて，応用問題あるいは学生の自習向け課題として活用されたい．もちろん，大学の授業のみならず，Web 制作を志す入門者の独学にも好適である．

いずれにせよ，本書がこれから Web 制作を学ぼうとする学生・学習者に幅広く役立てていただければ幸甚である．

本書は Web 制作の全体を扱うという性質上，コンピュータを用いる部分だけでなく，そうでない部分もある．先に示した企画設計部分（第 1 章から第 3 章）はコンピュータを使用しない．その後はコンピュータを使用する．そのため，技術的な用語については，登場する章で都度解説する．

大学の授業で使用する場合，第 1 章から第 3 章を知識伝達・演習を含めて 3 回で終わらせることは困難であろう．背景にあたる知識を教師役が適宜省きながら進め，さらに企画演習のための回を挟んで，4 回程度の授業が適度であると想定している．また，第 8 章と第 9 章でソースコードを書くが，本格的に Web サイトを完成させたいのであれば，この後で少なくとも 1 回以上の演習が必要となるであろう．この場合，内容として独立性の高い第 10 章を省略し，演習時間を確保することも可能である．演習中心の場合，以上で全 15 回の授業が完成する．知識の伝達を主とし，演習をあまりせずデモンストレーションを中心として進行する場合，全 13 章の知識部分のみを扱うという使用方法もありうる．

本書をまとめるにあたって，大変なご協力をいただきました，未来へつなぐ デジタルシリーズの白鳥則郎先生，編集委員の水野忠則先生，高橋修先生，岡田謙一先生，ならびに共立出版の編集部の島田誠氏，他の方々に深くお礼を申し上げます．

2015 年 9 月

執筆者　松本早野香・服部　哲・大部由香・田代光輝

目　次

第1部　Webサイトの設計

第1章 企画を練る

□ 学習のポイント

本章ではインターネットに関連するビジネス（ネットビジネス）の企画を考える方法を解説する．Web のビジネスの概略を述べ，コンテンツの分類を行い， Web サイトコンテンツの企画を立てるために必要となる Web ビジネスに関する知識を得る．ビジネスや広告などのしくみを理解し，経済的に成立する Web の企画を立てるために必要とされる知識を得ることを目的とする．

なお，本章の内容の詳細・具体例などについては，『情報倫理—ネットの炎上予防と対策—』ならびに「未来へつなぐ デジタルシリーズ 1 『インターネットビジネス概論』」を参照されたい．

具体的には，次の項目について理解を深めることを目的とする．

- Web のビジネスの変遷を理解する
- Web のビジネスのビジネスモデルを理解する
- Web の広告について基本的な概念を理解する

□ キーワード

接続サービス，データ通信，課金，ポータルサービス，ネットショッピング，下請けビジネス，広告モデル，企画，フローチャート

1.1 Web 関連ビジネスの概略

情報通信白書 2014 [1] によれば，平成 25 年末のインターネット利用者数は 1 億 44 万人，人口普及率は 82.8%となった．情報通信産業の産業規模は全職種で 1 位である．情報通信に関するビジネス，特にインターネットに関するビジネスには以下のような種類がある．

1. 接続サービス：接続させることそのもの
2. メールなどの付加サービス
3. データ売買：テキストや画像など・含むゲーム
4. ポータルサービス：広告
5. ネット通販
6. 他企業の下請け

以降，これらビジネスの成り立ちやビジネスモデルについて解説する．

1.1.1 接続サービス

1985 年，電気通信事業法などの改定により，通信が自由化された．それまで音声しか送ることができなかった電話線で音声以外の「データ」を送ることができるようになった．

「データ」といってもデジタル信号をデジタルのまま送るのではなく，いったん音声に変換し電話線の音声通話帯を利用して送るというものである．初期は音響カプラといって，電話の受話器にスピーカとマイクをつけて音響によって通信を行った．後に電話線のアナログ信号をデジタル信号に復調して受信する「モデム」が開発されたが，いずれも電話の「通話」の機能を利用して「データ」を送る技術である．

「通話によるデータのやり取り」を利用して，85 年から 90 年にかけて商用サービスが次々とリリースされた．パソコン通信サービスやインターネットサービスプロバイダ (ISP: Internet Service Provider) などである．パソコン通信とは，ホストコンピュータに多くの人が接続し，文字情報などをやり取りするサービスである．ISP とはインターネットの相互接続点とユーザのパソコンを接続させるためのサービスである．80 年代後半はパソコン通信が，95 年の Windows95 発売以降は ISP が接続サービスの主流となった．

当時の接続サービスは「接続」に対して「時間」で課金していた．接続ごとに 20 円/分，月 950 円支払ったうえで月 5 時間まで接続可能だが 5 時間を超えると 5 円/分，といった料金体系であった．さらに，多くの ISP では 1 ヵ月 2,000 円支払えば一切追加料金がないというサービスも設けていた．

ただし，上記料金に「電話代」は含まない．通信が自由化され電話線を利用してデータ通信したとしても，あくまでそれは「音声」の通話機能を利用したものである．当時の料金で市内通話でも 10 円/3 分，1 時間あたり 200 円の料金が必要であった．毎日 3 時間使えば 18,000 円（例：200 円× 3 時間× 30 日=18,000 円）となる．

この状況を大きく変えたのが，1995 年に登場した「テレホーダイ」である．テレホーダイとは登録した電話番号までは夜中の 23 時から翌朝 8 時までは一定の料金（市内なら 1,800 円）で通話できるというものである．これを上記の ISP 料金 2,000 円と組み合わせれば，1 ヵ月 3,800 円で 23 時から 8 時まで，インターネットにつなぎ放題となった．

1995 年は Winodow95 のリリースに伴うパソコンの販売台数の急増もあいまって，パソコン通信や ISP への利用登録が急増した．多いところでは 1 日あたり 5000 登録．これが平均 5 年継続して利用するユーザだとすると，2,000 円/月・登録× 12 ヵ月× 5 年分× 5000 登録=6 億円となる．

1.1.2 メールやホームページエリアレンタルなどの付加サービスビジネス

80 年代から 90 年代にかけて，メールやホームページは接続サービスのユーザ向けサービスとして提供されていた．パソコン通信は異なるサービス間では通信できなかったため，メールに相当するサービスがクローズな環境で提供されていた．パソコン通信からインターネットにネットビジネスの主軸が移った後は，インターネット上のコンテンツを共有するISPが，サービスの差別化のためにメールやホームページエリアレンタルなどを接続ユーザ向けに提供し始めた．

たとえば電子メールは1契約につき1アカウントまでは無料，複数アカウントが必要な場合は200円/月・アカウントの追加料金を支払うことで利用できるといったサービスである．ホームページエリアレンタルについては，1契約につき1アカウント・5MBまでは無料，エリア容量を増やしたい場合は追加料金を支払うことで増やすことができるといった形態をとった．ISP各社はインターネット接続の通信品質を競うとともに，このような付属のサービスを充実させることでユーザを囲い込むとともに，追加料金を設定することでビジネスの一助とした．

しかし，2000年代になってポータルサービス（後述）から無料のメールやホームページエリアレンタルサービスなどが相次いでリリースされ，それ以降は，付加サービスビジネスはそれ単体でビジネスとして成立しているとはいえない．

1.1.3 コンテンツ課金

付加サービスが「接続サービスのおまけ」として展開されていたのに対して，それ単体でビジネスとして成立し現在でも継続しているのがコンテンツ課金である．代表的なものとしては信用調査・成人向け画像や動画・占いなどがある．

信用調査は帝国バンクや東京商工リサーチなどの信用調査会社によるデータ販売である．会社同士で取引を始める際，お互いの会社がどれくらい信用できるのかのデータを購入する．売掛許容限度はもちろん反社会勢力との関係，経営者の過去の犯罪歴などである．新しく取引を始める際には必ず利用されるものである．帝国データバンクの年間売上は468億円（第28期決算公告・平成25年9月期より），そのうち何割かがネット経由で販売されている．

成人向け画像や動画は主に男性向けに販売される性的なコンテンツである．水着などのグラビア写真もあれば，アダルトビデオのストリーミング・ダウンロード販売などもある．コンテンツとしてのわかりやすさがある反面，違法流通などもあり市場は伸びていない．また反社会的であるという批判もある．実際に，ISPがアダルトサイトの拡販のために男性がよく閲覧する媒体に広告を打ったところ，そのISPを利用しているとアダルトサイトをよく閲覧していると疑われるという理由から，ISPの会員が減ってしまったという話もある．コンテンツとしてのわかりやすさがある反面，提供元としてのブランドの低下も招くコンテンツなので，取り扱いには慎重であるべきである．

占いは星座ごとの毎日の運勢という気軽なものもあるが，ビジネスとして成立しているのは個別に相談を受けて，それをプロの占い師が占っていくというものである．占いをビジネスにするうえで気を付けなければならないことがある．それは占いが多くの場合で恋に破れた傷心の女性などが使うものであり，いい加減な占いをしてしまうとその人の人生を狂わせてしまう可能性があるということである．振られた相手とはいずれ復縁します，と適当なことをいってしまって復縁を信じてずっと待っている，ということも起こり得るのが占いの世界である．こちらも取り扱いは慎重であるべきである．

1.1.4 接続サービスとその付加サービス・コンテンツサービスのその後

1980年代から始まった接続サービスは接続そのもののビジネスを軸に，付加サービスとコンテンツサービスを展開してきた．接続サービスが何もしないで売れていた時代は隆盛を誇った．特にパソコンを買う＝最初の1台目であったころはパソコンが売れれば売れるほど接続サービスの申し込みが増えた．

しかし2000年代になって，その「左団扇状態」は終焉を迎えた．その要因の1つはi-modeのリリースである．携帯電話のネット接続サービスの開始により，パソコンから携帯電話へとネットの主軸が移っていった．もう1つはYahoo! BBの登場である．Yahoo! BBは，ADSL接続サービスを接続料・通信料込で2,980円/月という驚異的な安さを武器に接続サービス市場に乗り込んできた．その結果，Yahoo! BBは2005年までに市場の20%を占めるほどとなった．接続サービス他社はYahoo! BBに対抗するために相次いでADSLとFTTHの値下げを実施，過当競争となり，数十円/月を稼ぐために数万円の販売経費がかかるという事態に陥った．

過当競争は「おまけ」である付加サービスやコンテンツサービスにも影響した．無料サービスは2010年代になって閉鎖/終了が相次ぎ，ネットビジネスの主役はポータルサービス，そしてアプリへと移った．

1.2 Webに関するビジネス

1.2.1 ポータルサービス

ポータルサービスとはYahoo! JAPANなどに代表されるインターネットの「玄関（ポータル）」の役割を果たすサービスである．

ポータルサービスには「広告費を稼ぐモデル」と「他サービスのおまけ」として提供されるモデルの2つのタイプがある．広告費を稼ぐモデルにはYahoo! JAPANやexciteなどがあり，おまけとしてのサービスにはMSNやOCNなどがある．現在のポータルサービスのほとんどは広告費を稼ぐモデルとなっている．

図1.1は広告代理店の電通が発表した日本の広告費の推移である．テレビ・新聞・ラジオ・雑誌の広告費が減少する一方，インターネットの広告費が延び続け，2009年にはテレビに次ぐ第2位のシェアを占めていることがわかる．市場規模は2010年には7,747億円である．ポータルサービスのほとんどをユーザが無料で利用できるのは，ポータルサービスが広告費で支えられているからである．

1.2.2 ポータルサービスの変遷

ポータルサービスは主にインターネットのWebサービスにおいて成立している．Webを効率良く利用するためにはブラウザが必要である．ブラウザには起動時に最初に表示されるページを指定できる機能（スタートページ機能・ホームページ機能）がある他，頻繁に訪問するページを登録しておく機能（お気に入り機能・ブックマーク機能）がある．スタートページはブラ

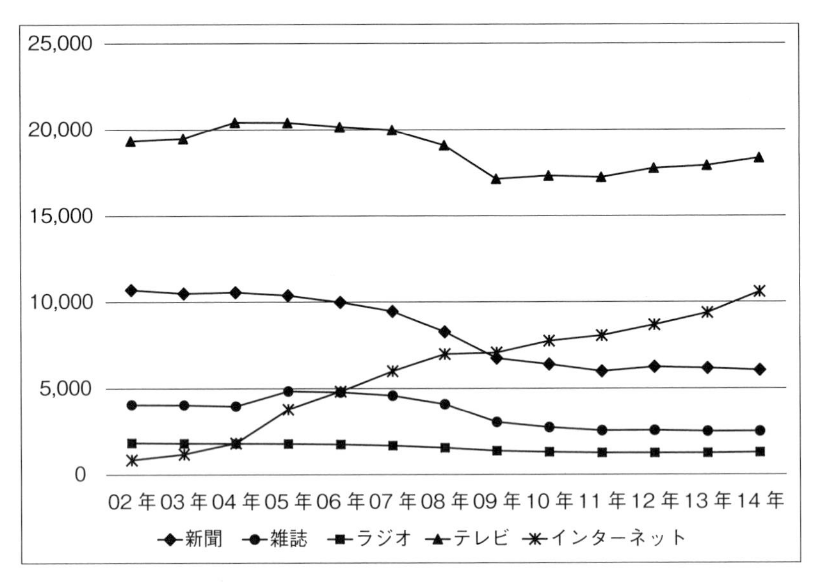

図 **1.1** 日本の広告費推移（電通資料より作成 [2]）

ウザを起動すると自動的に表示されるために，自然と閲覧数が多くなる．閲覧数が多くなれば広告費も稼ぎやすくなる．そのため多くのポータルサービスはスタートページに登録してもらうためにいろいろな便利な情報を無料で提供している．

1990年代中旬以降のインターネット急増に伴い，多くのポータルサービスが登場した．主なものは接続サービスの運営会社が提供しているものであった．接続サービスはユーザの自宅などとインターネットの相互接続点までをつなぐサービスである．普及草創期のインターネット上にはあまりコンテンツがなかったため，接続サービスはインターネットを利用してもらうために接続ユーザ向けに自らポータルを開設して様々なコンテンツを提供した．ニュースや天気予報，またはオリジナルのコンテンツを提供した．

ポータルサービスに大きな変化をもたらしたのが検索エンジンである．検索エンジンはWeb上のサービスを入力されたデータを基に探してくれるサービスである．検索エンジンはキーワードをいれれば目的のWebサイトをすぐ表示できるため，スタートページに登録するにはうってつけである．多くのポータルサイトが検索の入力フォームをポータルの一番見やすい場所に設置した．検索エンジンをメインコンテンツとしたことによるポータルサービスとしてはGoogleやYahoo，exite，infoseekなどが有名である．ポータルサービスは日本ではYahoo! JapanやGoogleなどが大きなシェアを占めている．

1.2.3 ポータルサービスの成長と限界

ポータルサービスはPC（パソコン）・インターネットの普及に伴い大きく成長した．ポータルサービスは検索をトリガとして，オークションサービスやコンテンツ販売などに誘導し，それぞれで大きな利益を得ることに成功した．

しかしそれは Web，特にブラウザの機能に依存したものであった．ネットの利用形態がパソコンから携帯電話へ，ブラウザからアプリへ移行するとポータルの役割も変わり始めた．携帯電話ではゲームサイトなどが大きなシェアを占めるようになり，GREE や Mobage が急成長した．検索エンジン各社もスマートフォン対応などを進めており，競争状態になっている．

1.2.4 電子商取引 (EC: Electronic Commerce)

EC とは，インターネットやその他通信回線を使って商品の売買を行うことである．物品の決済を行い宅配便などで送付するものもあれば，サービスの予約と決済をして現地で提供するものなど種類は様々である．さらにはオンライン上の販売と実店舗との連携や相互の影響を考慮 (O2O: Online to Offline) したり，実店舗で商品を見せて購入はスマートフォン上の EC サイトでやってもらうなど，販売経路の多様化（オムニチャネル: omni channel) も進んでいる．

情報通信白書 2012 [3] によれば，日本の EC 市場は 2011 年で約 11 兆円．2013 年には約 13.8 兆円まで成長すると予測されている．

1.2.5 ショッピングモール

EC には企業や商店などが自社サイトで商品を販売する形式のものもあれば，企業や商店が集まって 1 つのドメインの下で統合的に販売するショッピングモールの形式もある．ショッピングモールとしては日本では楽天市場や Yahoo! ショッピングなどがある．

ショッピングモールではモールの主催者は出店者側に対して Web サイトのサーバエリアを貸出する．貸し出したうえでキャンペーンへの協力金や決済代行による収入などで利益を得る．半額キャンペーンを企画して参加料を得る，クレジットカード決済のしくみを提供し，決済したお金の何%かを得るなどである．

ショッピングモールの特長は，ショッピングモールの知名度や信頼度により，知名度や信頼度のあまりない出店者でもある程度のお客様を見込めることである．各社それぞれの審査基準を設け，一定の信頼度を担保したうえで，ショッピングモールの知名度によって集客をする．ショッピングモール各社はモール内の店舗を横断的に検索できるしくみを設けている．モールの検索システムで探しさえすれば自ら望む商品が見つかるというのがショッピングモールの大きな強みである．

それゆえ，より大きなモールは強くなり，小さなモールは衰退していく．日本では楽天市場のシェアが大きくなっているのは，EC 普及の初期において大きなシェアをとれたこと，成長段階の途中で野球経営に参画するなどして知名度がアップしたことなどが理由である．

ショッピングモールとしては米国企業の Amazon 書店もモールとして成長している．Amazon 社は当社自体が本の販売をしつつも，中古や新古本，また本以外の商品も含めてモールを作っている．Yahoo! オークションも個人や小規模店舗などによるモールで，店舗側が販売価格を設けない．販売価格はオークション形式で決まるモールである．

1.2.6 企業独自のEC

モールが複数の店舗などの集合体であるのに対して，企業単独でECを行っているところもある．有名なところでは日本航空や全日空，JR東日本などの交通産業や，ホテルやテーマパークなどの観光業，大手家電量販店などの流通業で盛んである．

交通産業では航空券・切符や指定席券などをネット上で販売している．特にビジネスマンにとって出張で飛行機や新幹線を利用するとなった場合，予約や急な予定変更による指定席の変更をいちいち駅や空港まで赴いて行うのは時間的に大変である．その手間を軽減するために，ネット上で予約や変更ができるようになっている．QRコードやFelicaなどに登録して携帯電話と連動させるしくみや，出発の際に駅や空港でチケットを発券するなどである．同様にホテルやテーマパークなどは予約もしくは予約と決済をネット上で行い，サービスは現地で提供する．

流通業では，小さい店舗はモールに集まるが，大手の家電量販店では独自のECを展開している．家電量販店は，ECにおける小規模店舗の安売りに頭を悩ませていた．店舗などの維持費があまりかからないことを売りにネット専業に近い形での家電製品の販売が幅をきかせ，「大型量販店で実物を見て説明を受けたうえで，その場でスマートフォンを用いて検索し，別のお店から最安値のものを買う」ということが増えた．そのため家電量販店側もECを展開し，割引やポイント還元などで対抗している．

1.2.7 ECと決済

ECにおいて最も重要なのが決済手段である．決済の主な手段はクレジットカードである．ECをモールもしくは独自運営している企業は各社独自のクレジットカードを発行して，決済で主導権を握ろうとしている．日本航空や全日空，家電量販店はクレジット会社との提携オリジナルカードを楽天やJR東日本はオリジナルのクレジットカードを発行している．クレジットカードにマイルやポイントなどを付与することで他社との差別化を図り，ECだけではなく日常の消費に関しても自社の出しているクレジットカードで決済するように促している．

楽天の決済資料によれば，2013年のモールの売上は1.7兆円，楽天カードの取扱高は2.6兆円である．楽天カードがモールだけではなく，他の決済にも広く使われている．決済手段を自社サービスで独占することで，ECの売上だけではなく他のところの決済の手数料もはいるようになる．

1.2.8 ITの下請けビジネス

接続ビジネス・ポータルサービス・ECなど，主に個人相手(B to C)のサービスは知名度が勝負である．そのため宣伝量も多く，有名・人気企業が多い．

しかし，そのような華々しい企業だけがネットビジネスではない．いわゆるIT下請などもビジネスとして，大きく売上を伸ばしている．IT下請けは，公式サイトの作成はもちろん，SNSの設定や運用・問い合わせの対応，ECの運用，アクセス解析によるサイトの改善提案，スマートフォンアプリの開発など，幅広くこなしている．1つひとつを専業で行う企業もあれば，すべてを自社で賄う企業もある．

法人相手の仕事が主であるために，知名度よりも実績や信頼が必要である．そのため個人運営の会社が大企業のサイトを切り盛りしているというところもある．サイト制作やコンサル料は「工数」と呼ばれる「作業時間」が商品である．Webサイト1ページ作ったら何円，という定価があるわけではない．Webサイト1ページ作るための時間が○○日かかるので，1日あたりの作業量として○○円をください，というのが価格になる．この単位を「人月」や「人日」と表す．1人が1ヵ月かかる仕事=1人月　として40万円とか60万円とかという値付けである．

もちろんこの工数にも定価があるわけではない．アルバイトの学生ができるような仕事であれば30万円もかからない．逆に専門性があり，その人にしかお願いできないとなれば1人月500万円でも売ることができる．

多くの情報系の学生はIT下請けの仕事に関わることになる（補足：IT下請けの会社に入らなかったとしても，会社内でITの下請けを担当するかもしれない）．その際に自分の工数をより高くするために日々勉強し，専門性を高め，取引先や社内からの信頼を得る必要がある．

1.3 Webビジネスの企画

1.3.1 企画を立てるための基礎知識（広告モデルを例に）

前項のWebに関するビジネスの変遷をみると，最初は接続ビジネスのおまけとして発生し，その後，広告収入を目的としたポータルサービスへと移行していった．現在はスマートフォンへ主戦場が移りつつあるなど，状況は日々変化している．

自ら起業してWebビジネスを始めるにしても，企業に就職してWebビジネスを担当するにしても，IT請負の会社に入って他社のWebビジネスの仕事をお手伝いするにしても，Webの企画の立て方を覚えておかなくてはならない．

1.3.2 目的を明確にして，手段を決める

企画を立てるためには，まず目的を明確にしなくてはならない．目的は会社であれば基本的には「利益を得ること」である．直接的な利益を得ること，もしくは間接的に利益を得ることを明確にする必要がある．広告費や物販などの収入を目的とした場合は支出が収入を上回ること，PRや社会貢献を目的とした場合は効果が費用を上回ることが必要である．

そして，手段として広告費を得ることを目的とするか，物販による収入を目的とするか，単にPRを目的とするか，もしくは社会貢献を目的とするか，などである．組織のオーナー的立場，もしくは個人で行うのであれば，自らが「やりたい」と思えば実行することができる．しかし多くの人は組織の中の立場として企画を進める立場である以上，目的と手段を明確にして組織として意思決定しなければならない．制作を担当する立場で企画には直接関わらないとしても，目的・手段によってサイトの構造は変わってくる．制作担当としても企画責任者などと目的・手段を十分に共有する必要がある．

1.3.3 目的を達成するための手段を検討する

たとえば目的が「利益を得る」，手段が「広告費を得る」としたときはどのような知識や検討が必要かを紹介する．

広告費を手段とするなら，広告は「純広告」を得るようにしなければならない．純広告とは，広告主から直接そのサイトに広告を出稿してもらう広告のことである（補足：契約そのものは広告代理店を経由することが多い）．純広告は広告主からこのサイトに広告を出したいという希望があったうえで成り立つ．そのためサイトの内容を広告主が気にいってくれるように作らなければならない．その代わりに広告の単価が高いというメリットがある．

純広告とは違い，広告主が「どのサイトに広告を掲載してもよい」として広告代理店側に出稿サイトをまかせるような広告は「ネットワーク広告」などと呼ばれている．ネットワーク広告は広告主が成果（売上増）のみを期待して，ある条件を満たせばどのサイトに出してもよいとして販売される広告である．どのサイトに掲載されるかわからない反面，広告単価が安く抑えられている．

純広告とネットワーク広告は広告単価が格段に違う．たとえば 300 万円程度稼ぐために必要な閲覧数 (PV: page view) は純広告が 180 万 PV であるのに対して，ネットワーク広告では 3,500 万 PV 必要になる [4].

300 万円を 1 ヵ月稼ごうとしたら，純広告では 1 日あたり 6 万 PV，個別契約では 116 万 PV が必要である．6 万 PV はちょっとした有名個人ブログの PV と変わらない．少しの工夫で達成できる数字である．一方，ネットワーク広告の 116 万 PV はちょっとやそっとで達成できる数字ではない．ニュースや天気予報のみならず，独自のコンテンツを複数揃えなければ達成することできない．またサーバや通信回線の維持費用も大きく変わる．純広告の維持費が月 20 万円ですむとした場合でも，個別契約ではその 20 倍弱の 389 万円もかかってしまう．これにコンテンツの購入費や加工費などをいれたらとても収支をプラスにすることは不可能である．広告費を目的とするなら必ず純広告を目的としなければならない．

【純広告とクリック広告の単価の違い】

種類	閲覧数	収入
純広告	180 万 PV	300 万円
ネットワーク広告	3,500 万 PV	300 万円

1.3.4 純広告を得るための企画の仕方

純広告を得るためには最も重要視されるものがサイト閲覧者の「属性」である．属性とは性別や年齢，社会的地位やライフスタイル，趣味や嗜好などである．なぜ属性が必要かというと，属性が絞られれば絞られるほど広告効果が高くなるからである．広告主側としても属性がしっかりしているサイトに広告を出せば最小限の出稿で最大の効果を得ることが見込まれるため，安心して単価の高い広告を出稿ができる．

たとえば生命保険会社であれば結婚したてのカップルが申し込む割合が高いので，20〜30 代の結婚したてのカップルが見るようなサイトに広告を出稿したい．一戸建ての広告であれば，犬が好きな人は郊外に家を建てたいという意欲が高くなるので，都心のマンションに住んでいる犬好きの人が見るようなサイトに広告を出稿したい．同様に，化粧品であれば女性，育毛や増毛であれば少し年配の男性が見るようなサイトに広告を出稿したい．

広告を貰う立場からすれば純広告を得るために「広告主が広告を出したくなるような属性の人が利用してくれるサービス」を作る必要がある．そのために，

1) どの業種がどの規模で広告費を使っているかを調査
2) ターゲットとする業種が必要とする属性の調査
3) 2) の属性の人が利用してくれるようなコンテンツ内容の調査

をする．調査結果に基づき，コンテンツを作り，閲覧者を確保するための企画を立てる．生命保険をターゲットとするならば，新婚生活に必要な豆知識を掲載する，一戸建て販売をターゲットとするならば，郊外で犬を飼っている人の取材記事を掲載する，化粧品をターゲットとするならば，簡単な占いができるようなサイトを作る，育毛や増毛であれば政治ゴシップなどのニュースサイトを作る，などである．

1.3.5 広告タイプ

広告にはいくつかの契約形態がある．純広告にしてもネットワーク広告にしても何に対して報酬が支払われるものなのかを把握する必要がある．契約形態としては主として以下のものがある．

1) 期間保証型
2) 閲覧数（インプレッション）保証型
3) クリック保証型
4) 成果報酬型（レベニューシェア）

以下，これらについて解説する．

期間保証型：

指定された期間に広告を表示するタイプの広告である．期間中に掲載していればよい．サイト運営側からみれば閲覧数やクリック数に左右されないので，このタイプの広告を一番契約したい．インターネット初期はほとんどこのタイプの広告であった．しかし広告主側から見れば成果が確約されないため，現在ではなかなかこのタイプでは契約できない．

閲覧数（インプレッション）保証型：

広告の表示数に応じてお金が発生するタイプの広告である．新聞社などの大手のサイトで販売されている広告枠がこのタイプである．サイトの閲覧数が高く安定していればこのタイプの契約をとることで収入も安定する．ただしこの場合，100 万単位のページビューが必要である．

たとえば，朝日新聞の Web サイトの広告枠はトップページレグタングル（横長のバナーに対し，縦幅の長い広告）が 230 万 PV で 150 万円という値段で販売されている．

しかし小さな規模のサイトではこの契約は難しい．広告主側から成果を確認することが難しいため，サイト運営側で不正に表示数を操作することが可能だからである．この契約タイプはある程度の閲覧数が増え，社会的にも信頼される組織になってからめざすべきである．

クリック保証型：

広告のクリック数に応じてお金が発生するタイプの広告である．広告主としては自分のサイトへの誘導数が確定できるメリットがある．クリック数は閲覧数にある程度比例するため，閲覧数が多ければある程度のクリック数が見込める．

ただし，クリック数はユーザ次第である．広告の見た目や謳い文句などでもクリック率は大きく変わる．調子の良いときはあっというまに保障クリック数を達成してしまうこともある．逆になかなかクリックされない場合もある．クリック数が少なければ保障クリック数を達成するまで他の広告枠をけずってでも広告出稿数を増やす必要がある．サイト運営側にもリスクがある契約内容である．

成果報酬型（レベニューシェア）：

その広告で得た成果によって報酬を得るタイプの広告である．ユーザが広告をクリックしその先で商品を購入するなどした場合，そのユーザを誘導した広告の出向先に売上の一部が還元される．広告主側からみれば売上に応じて広告費が発生するのでリスクが少なく，またサイト運営者も頑張った分報酬が増えるので，Win-Win の関係が築ける．

広告主は成果のみを求めているので，サイトの中身についてどうこう言うことはない．アダルトサイトなど反道徳的なもの，麻薬などの反社会的なサイトを除けば，どんなサイトでも広告を掲載することが可能だ．サイトに信用力がなく，また閲覧数の見込みが立たない場合はこのタイプから始めることとなる．商品が多彩なオンライン書店やネットショッピングモールからの広告はこのタイプのものが多い．

広告には以上の 4 つの契約形態がある．サイトに信頼性や実績があれば閲覧数保証型，信頼があまりなければクリック保証型，まったくの新規で信頼も実績もなければ成果報酬型で始めることとなる．信頼や実績があればより単価の高く収入も安定した閲覧数保証型の広告を得ることができるので，地道に確実に信頼と実績を積み重ねる必要がある．

演習問題

フローチャートで考えてみる

第 1 章の内容を踏まえ，Web サービスなどの流れの表現に役立つフローチャートを作成する演習を行う．フローチャートとはシステムの流れを図にしたもので，判断の分岐や表示などの動作をどのタイミングでいれるのかをわかりやすく表現するものである．たとえばゲームコンテンツであれば，どのようにレベルアップをして，どのタイミングで課金するかなどの指示書はすべてフローチャートで作成される．ここではトランプのババ抜きゲームを例とし，フローチャートを作成せよ．このババ抜きゲームは「カードの配布」からはじめ，「あがり」で終了とする．

参考文献

[1] 総務省：情報通信白書 2014，日経印刷 (2014).
[2] 日本の広告費，株式会社電通，http://www.dentsu.co.jp/knowledge/ad_cost/
[3] 総務省：情報通信白書 2012，ぎょうせい (2012).
[4] 田代光輝，服部哲：情報倫理—ネットの炎上予防と対策—，共立出版 (2013).

第2章
Webの企画書を作成し，リーガルチェックを受ける

□ 学習のポイント

第 1 章で学んだ Web ビジネスは，具体的な企画として立案され，リリースされる．企業において，この過程はどのように進められ，その中では何が求められるのであろうか．また，その際に守るべき自己の権利・侵害を避けるべき他者の権利にはどのようなものがあるだろうか．さらに，具体的にどのように企画書を書くのであろうか．本章ではこれらを学び，企業における Web 企画書制作について理解することを目的とする．

具体的には，次の項目について理解を深めることを目的とする．

- 企画の立て方や企画書の通し方のプロセスを理解する
- 商標・特許・著作権などの権利の基礎を理解する
- 景品表示法などの関連法案の基礎を理解する

□ キーワード

企画書の作成，企画進行のプロセスと管理，企画の決済，商標，特許，著作権

2.1 企画書とは

企画の内容が決まったら企画書を作成する．企画書とは，企画の意図を関係者で合意するための説明資料である．本節では，Web 以外の企画にも通じる基礎的事項を説明した後，具体的な Web 企画の例をまじえて作成方法を紹介する．

企画書の形式は組織ごとに異なる．組織によっては A3 白黒印刷 1 枚や A4 白黒印刷 1 枚というところもあれば A4 カラー印刷で 20 枚以上というところもある．

前者のような少ない枚数の白黒印刷の企画書は顧客が個人相手の企業（B to C 企業）に多く見られる．B to C 企業では企画書は社内の同意を得るための資料だからである．社内ではある程度の情報が共有されているため，できるだけ印刷費を抑えるために少ない枚数の企画書に仕上げることが要求される．

後者は顧客が法人相手の企業（B to B 企業）に多く見られる．B to B 企業では企画書は社外に持っていく資料であるため，なるべく丁寧に見やすく，細かい情報まで書き込む必要があ

る．企画書の印刷費を気にすることなくたくさんの枚数を書くことが要求される．

Web の企画も同じである．同じ PR のための Web サイトを作る企画書だとしても自社で決済する場合はコンパクトな企画書に，他社から制作を請け負う場合は見やすく分量の多い企画書に仕上げることが多い．

形式は様々だが，企画書を書くうえでの基本的な要素を以下で説明する．

2.2 企画書の書き方

まずは B to C 企業に多いコンパクトな企画書の書き方の一般的なものを解説する．代表的な形式は A4 で「表紙・中身・詳細」という形式である（図 2.1）．

(1) 表紙

表紙には

1) 左上に資料の概略
2) 右上に区分
3) 真ん中にタイトル
4) 右下に日付と企画発案部署と担当者名

を記入する．

資料の詳細とは「2014 年 8 月度取締役会資料」や「事業検討会資料」など，この資料はどこで使う資料なのかという“宛先”を記入する．右上の区分には「決済」や「審議」，「報告」など，この資料によって何をお願いしたいかを記入する．

一番重要なのがタイトルである．この企画書が何を表しているのか，短い言葉で端的に表現しなくてはならない．「PR ページ作成について」とコンパクトにするのもよいし，目的もいれて「採用強化のための PR ページ作成について」や「スマートフォン対応のための PR ページ作

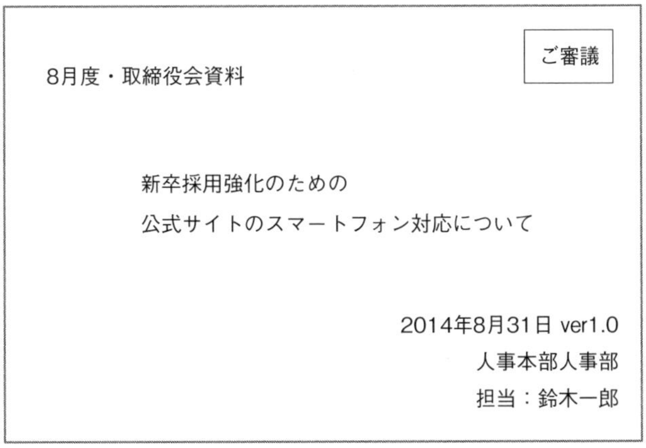

図 2.1　企画書の「表紙」の例．

成について」としてもよい．また結論をいれて「スマートフォン対応のための PR ページセマンティック化について」などとしてもよい．決済する人に対して最もわかりやすい表現を選ぶ．

右下には日付，企画発案部署と担当者名を記入する．場合によっては日付のところにバージョンを入れる場合もある．

(2) 企画書の中身

企画書の中身には

1) この企画が必要な理由
2) この企画により生まれる結果
3) 結果を生むという具体的な理由
4) 具体的な提案内容
5) この企画のリスク

が必要である．

この企画が必要な理由には，企画をやるメリットもしくはやらないことによるデメリットを記入する．たとえば「スマートフォンが普及しており，大学生はパソコンではなくてスマートフォンで就職したい企業を見極めている」という前提を示したうえで「PR サイトをスマートフォン対応しないと優秀な人材が採用できない」という情報を載せる．

次に，この企画により生まれると予測される結果を記入する．たとえば「応募者の 120 %アップ」，「工科系大学からの応募者 100 名を見込む」などである．そして，その結果を生む具体的な理由を示す．同様の事例のデータを示すなどする必要がある．

その後，具体的な提案内容を記入する．企画によってどのような変化があるか，どのようなものが実現するか，図などを使って示す．

最後にこの企画のリスクを示す．リスクとはデメリットやマイナス点だけではない．この企

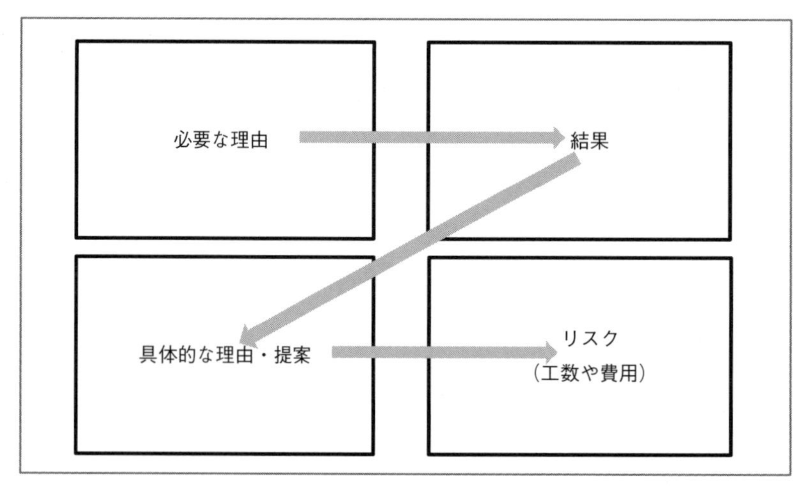

図 2.2 企画書の「中身」の例 1.

画の費用や工数などもリスクである．サーバを増設する必要があればその費用や維持費，ソフトやライセンスの費用，担当者の工数などである．得られる結果がリスクを上回ることが明確であればその企画は承認され，下回ることが明確であれば承認されない．リスクは承認プロセスにおいて決裁者が最も気にすることである．企画書を作るうえで企画者としてリスクを十分検討してリスクを最小限にしたことを示し，得られる結果がそれを大きく上回ることが明らかになったということを示す必要がある．

企画書は上記の内容を「Z」で配置するのが基本とされている（補足：Z は基本ではあるものの基本どおりできている企画書は少ない）．左上から，必要な理由，結果，具体的な理由，提案，リスクの順番で配置する．理由の部分はデータを使って，結果や提案の部分は図などを使ってわかりやすくまとめる必要がある（図 2.2）．

(3)　企画書の詳細

企画書の詳細には，中身に書き込むことができなかったデータや値段，推進するための組織体制や責任者名などを記入する．

企画を関係者に説明する際，企画書を書いた人間が説明できない，しない場合がある．特に大きな組織において承認を得る会議の説明は企画担当者がしない場合が多い．説明は上長である部長や事業部長などがする．質問を受けた際に説明する人が十分な返答ができるよう，企画に関わるデータや費用などを細かく記入したものが必要となる．

また企画を推進するための組織体制や各項目の責任者，企画の工程表なども詳細のページに盛り込む（図 2.3）．

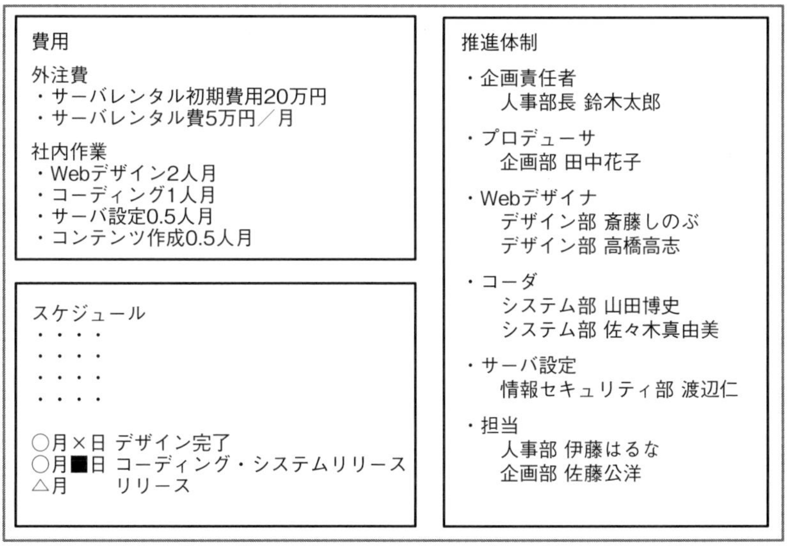

費用
外注費
・サーバレンタル初期費用20万円
・サーバレンタル費5万円／月
社内作業
・Webデザイン2人月
・コーディング1人月
・サーバ設定0.5人月
・コンテンツ作成0.5人月

スケジュール
・・・・
・・・・
・・・・
・・・・
○月×日 デザイン完了
○月■日 コーディング・システムリリース
△月　　リリース

推進体制
・企画責任者
　人事部長 鈴木太郎
・プロデューサ
　企画部 田中花子
・Webデザイナ
　デザイン部 斎藤しのぶ
　デザイン部 高橋高志
・コーダ
　システム部 山田博史
　システム部 佐々木真由美
・サーバ設定
　情報セキュリティ部 渡辺仁
・担当
　人事部 伊藤はるな
　企画部 佐藤公洋

図 2.3　企画書の「詳細」の例 2.

(4) 他社に出す企画書

他社に出す企画書は，他社の担当者が他社内の意思決定のプロセスにおいて，その企画書を参考に，さらに別の企画書として書き起こすことがある．それを考慮して，1つひとつの項目を1ページから数ページに分けて細かく正確にわかりやすく記載する．データはグラフの大きさではなく数字を入れる．調査内容は出典をすぐに当たれるように引用元をわかりやすく記載するなどだ．

2.3 企画書の通し方と管理の仕方

(1) 企画承認のプロセス

企画書は作っただけでは何の効力もない．関係者に企画内容を承認してもらい，この企画書どおりに進めようという意思統一が必要となる．Webの企画に関して言えば，まず営業部門・Web制作部門・システム部門・法務部門・総務部門などの確認が必要だ．

営業部門にはこの企画が利益を生むかどうかの確認を得る．広告モデルであれば広告主に対して営業をかけるのが営業部門の仕事となる．想定する広告主に対して広告を発注してもらえるかどうか，いくらなら売ってもらえるか，営業部門として扱いやすい商品かどうかの確認をする．

Web制作部門とシステム部門にはこの企画の制作・維持にはどれくらい工数がかかるかの見積もりをしてもらう．デザインの工数やサーバ維持費などを計算し，営業部門から出された「いくら」で売れるかという見積もりと突き合わせる．採算が合うならそのまま進めればよい．採算が合わなければ広告単価を上げる，もしくは工数を少なくするように企画を調整する．

法務部門には，後述の商標・著作権・特許・景表法などのチェックをしてもらう．問題を指摘されれば修正をする．同様に総務部門に全体的なチェックをしてもらう．想定する取引先に問題がないか，企画そのものが反社会的でないかなどである．

(2) 企画のバージョン管理

これら関係部門との調整では，それぞれの立場から様々なリクエストや修正希望点が出てくる．それらには1つひとつ対応する必要がある．さらに，1つの部門からのリクエストで修正があった場合，他部門にその修正点を伝える必要がある．ときにはその修正はおかしいと別の部門から文句が出ることもある．企画者はそれらを修正しながら，全体の確認を得るようにする．最終的に確認した内容で企画書を仕上げ，また稟議手続きなどを経て，企画そのものが承認される．

企画書を変更する際は日付やバージョンなどを随時更新する．表紙およびファイル名それぞれを更新する必要がある．AAAというプロジェクトであればファイル名は最初に更新した日付を，次に企画の名前，更新した理由，バージョンを入れる．たとえばAAAという企画で2014年8月31日に法務チェックの後で更新した企画書であれば 「20140831AAA-法務チェック済み-ver3.1.pptx」などとする．

このようにファイル数が増えて名前も長くなってしまうような管理をする理由は2つある．1つは会社組織では企画推進を組織としてやっているので，担当者の不在の際に別の人がすぐに対応できるようにするため．もう1つは更新した内容が承認されない場合，古い内容に戻されることもあるからである．上書きで保存してしまうと古い内容に戻された場合に，また作り直さなければならない．ファイル数が増えて管理が大変になるが，更新は上書きではなく常に別名保存にする癖をつける必要がある．間違って上書き保存のボタンを押してしまっても大丈夫なように，更新時にファイルを開いた時点で別名保存するように習慣づけるようにする．

(3) 決済後の対応など

稟議手続きでは最終的に決裁者（事業責任者や社長など）の決済を仰ぐ．自社サイトであれば自社の決裁者，他社への提案であれば他社の決裁者が対象である．もちろん平社員がいきなり社長の決裁をもらうということはなく，課長・部長・事業部長などの決済を順番にとる必要がある．決済の途中でいろいろ注文や修正点を指摘されることがある．順次修正し，関係部門に確認したうえで，再度決済をもらう．

企画承認後は企画の実施に向けて準備を進める．実施に向けたプロセスでは様々な問題が生じる．ケアレスミスもあれば，予期しない条項の変化もある．むしろ問題なく進む企画はありえない．1つひとつ丁寧に対応し，期日までに企画が仕上がるよう調整する必要がある．

2.4 知的財産や関連法

知的財産（知財）とは商標や著作権，特許・実用新案などである（表2.1）．会社や商品の名前，イラストや文章，そしてプログラミング，ビジネスアイデアなどがある．これらは簡単に摸倣できてしまうため「権利化」して法的に守る必要がある．なお，本節については，本シリーズ12巻「メディアとICTの知的財産権」も参照されたい．

Webをはじめとした情報通信産業では，何気ない日常の業務の中で多くの知財が生まれている．権利化しなかったばかりに他者に権利を奪われ，ビジネスチャンスを失ってしまうこともしばしばみられる．

表 2.1 知的財産と関連法．

知的財産権	関係する法案	保護される権利
特許権	特許法	アイデアの権利
実用新案権	実用新案法	物品の考案の権利
意匠権	意匠法	デザインの権利
商標権	商標法	屋号や商品名の権利
著作権	著作権法	知的創作物の権利

2.5 商標とは

商標とはサービス名やロゴなどの権利である．商標は商標法第2条で以下のとおり定められている．

（定義等）
第二条　この法律で「商標」とは、文字、図形、記号若しくは立体的形状若しくはこれらの結合又はこれらと色彩との結合（以下「標章」という。）であつて、次に掲げるものをいう。
一　業として商品を生産し、証明し、又は譲渡する者がその商品について使用をするもの
二　業として役務を提供し、又は証明する者がその役務について使用をするもの（前号に掲げるものを除く。）

以上のとおり，商標とは，その企業や商品であるとわかるような文字・図形・記号を組み合わせたものである．商標は特許庁に登録されることで権利が発生する．商標を登録すれば他社が同じものを利用することができなくなる．企画を作るうえで，サービス名を決めたら，まず商標として登録されていないかを確認する．登録されていれば別の名前を考える，登録されていなければ他社にとられないように商標として登録する．

2.6 特許

(1) 特許とは

特許は「発明（アイデア）」に関する権利 [1] である．

特許法では発明とは「自然法則を利用」した「技術的思想」の「創作」のうち「高度」なものと規定している．

「自然法則を利用」とは自然界から見出される科学的法則を利用することである．永久機関のような自然法則に逆らったものや，相対性理論のような自然法則そのものは発明ではない．また，計算方法や法律などのように自然法則ではないものも発明ではない．「技術的思想」とは誰でも同じような結果を得られるものである．自動車のエンジンのように同じ動作をすれば同じ製品ができるものは特許になるが，芸術作品のように同じものを他人が創ることができないもの，スポーツの技のように訓練によって実現可能なものは発明ではない．「創作」なので「発見」ではない．X線を照射する技術は特許になるが，X線そのものは発見であって創作ではない．「高度」なものなので，実用新案のような簡易なものは特許にならない．

特許は特許庁に申請・登録されることで権利が発生する．特許が認められれば，そのアイデアを使って独占的に製品を作ることや，販売・輸出入，使用する権利が与えられる（発明独占実施権）．アイデアを独占的に実施することができるため（独占排他権）ライバル他社との差別化することも可能になる．「特許取得」と銘打てば商談でも優位に立つことができるであろう．そのうえで関連するさらに複数の特許を取得すれば，業界においてその製品に関しての独占的な地位を築くことができる

またその権利を他人へ使用を許可することで，許可料（ライセンス料）を得ることができる．主婦が日常生活の中から考えた便利なグッズに対して特許を取得し，その後ライセンス料だけで悠々自適な生活をする，というのは夢物語ではなく現実に起きていることである．

なぜそのような強い権利が特許に関して認められているかといえば，特許に至るまでの研究開発に膨大な費用がかかるため，そのコストを補充するに十分な権利が必要であること，重要なアイデアに対して重複した研究開発をするような事態を防ぎ，社会全体のコストを下げること，新しいアイデアによってさらに新しいアイデアを創造できるように促すことが求められているからである．

そのため，特許は申請が受け付けられた段階で「公開」される．しばらく公開され異議申し立てなどを受け付け，その間にアイデアに対しての新規性が審議され，新規性があると判断されれば特許として登録される．特許の保護期間は出願から 20 年である．

(2) 特許の考え方

特許はアイデアが「産業として実施できる（産業上の利用可能性）」，「新しい（新規性）」，「容易に考え出すことはできないか（進歩性）」，「先に出願されていない（先願主義） 」，「反社会的な発明ではない」の条件を満たすことが必要である．

特許法二十九条では「産業として実施できる（産業上の利用可能性）」ということを規定している．二十九条の柱書がそれにあたる．経済産業省の「発明・工夫と特許の国」では，月と地球を連結する橋のように実現不可能なもの，猫舌向けのお茶の飲み方のように個人に依存し市販される可能性のないものは「産業として実施」するものとして扱わないとしている．特許の趣旨である「産業の発達」に寄与しないためである（特許法第 1 条）．

特許法第二十九条 1 項では「新しい（新規性）」ということを規定している．国内外で知られている事実，製品として販売されているもの，論文や雑誌などで発表されたアイデアは「新しい」とは認められない．海外にいって便利そうな道具を見つけたとしても，それは新規性がない（公知）ために特許として申請しても登録されることはない．同様に論文などで発表されたアイデアも公知である．

特許法第 29 条第 2 項では「容易に考え出すことはできないか（進歩性）」を規定している．簡単なアイデアを特許として認めてしまうと，ありとあらゆるアイデアを特許として申請しないといけなくなる．些細なアイデアが特許として認められた場合，産業の発展に大いに支障をきたす可能性がある．そのため特許には進歩性が必要とされている．

（目的）
第一条 この法律は、発明の保護及び利用を図ることにより、発明を奨励し、もつて産業の発達に寄与することを目的とする。
（特許の要件）
第二十九条　産業上利用することができる発明をした者は、次に掲げる発明を除き、その発明について特許を受けることができる。
一　特許出願前に日本国内又は外国において公然知られた発明

二　特許出願前に日本国内又は外国において公然実施をされた発明
三　特許出願前に日本国内又は外国において、頒布された刊行物に記載された発明又は電気通信回線を通じて公衆に利用可能となつた発明
2　特許出願前にその発明の属する技術の分野における通常の知識を有する者が前項各号に掲げる発明に基いて容易に発明をすることができたときは、その発明については、同項の規定にかかわらず、特許を受けることができない。

特許法第三十二条では公序良俗に反した発明は特許として認められないとしている．たとえ産業として実施でき，新規性がある高度なアイデアだとしても，麻薬を密売するための道具，大量殺人をするための道具などには特許は認められない

(特許を受けることができない発明)
第三十二条　公の秩序、善良の風俗又は公衆の衛生を害するおそれがある発明については、第二十九条の規定にかかわらず、特許を受けることができない。

特許法第三十六条と第三十七条では特許の出願方法を定めている．規定どおりに提出されたものでなければ特許は認められない．

これは発明を公開した対価として権利を得られるという法の趣旨があるため，どのアイデアが権利として申請されているかを明示する必要があるためである．

(特許出願)
第三十六条　特許を受けようとする者は、次に掲げる事項を記載した願書を特許庁長官に提出しなければならない。
(以下略)
第三十七条　二以上の発明については、経済産業省令で定める技術的関係を有することにより発明の単一性の要件を満たす一群の発明に該当するときは、一の願書で特許出願をすることができる。

2.7 特許と企画

Web の企画をしているとかなりの頻度で新しいアイデアを考え付くことがある．そのアイデアが特許に該当するか，もしくは他社の特許になっていないかは必ず確認しなければならない．

大きな企業では知財専門の部署があり，アイデアに対して様々な検証を行う．特許として該当する場合，弁理士などのチェックを経たうえで，会社が経費を出して発案者の名前で特許を申請する．会社によるが，申請後特許料が会社から支払われる．

またアイデアがすでに他社によって特許をとられている場合は，いくつかの対応が必要である．まずはそのアイデアを使うかどうかの判断である．基本的にはすでに他社によって特許をとられているアイデアは使わない．もしどうしてもその特許が必要であれば，他社と交渉してライセンス契約をする，もしくはライセンス交換によって利用許諾を得るなどの手段がある．

(1) 特許の攻め方，守り方

特許はA+Bというアイデア（鉛筆に消しゴムを付けるなど）に認められる．これに対して，A+CはA+Bの特許を侵害していないが，A+B+Cというアイデアは侵害している．逆にA+Bというアイデアがライバルにとられてしまったとしたら，ライバルがA+B+Cというアイデアを特許申請する前に，A+Cというアイデアをこちら側が申請してしまえばよい．そうすることで，A+B+CというアイデアはA+Cのアイデアに対しての侵害となる．このような状態にもっていったらライセンスの交換をして，お互いA+B+Cのアイデアを無料で利用できるようにする，という契約をする．

また特許申請するほどではないが，他社にとられると面倒だと思うようなアイデアは，論文などで発表してしまって「公知」にしてしまえばよい（二十九条の三）．公知にすると自らも特許取得できないが，他社も特許を取得することができない．

(2) パテントトロール

特許にはパテントトロールと呼ばれる「特許を専門としたクレーマー」のような組織がある．橋の下に隠れて通行人を驚かす怪物のトロールから名前をとって，パテントトロールと呼ばれている．パテントトロールは応用可能な基本的な特許をあらかじめ押さえておいて，それを利用している企業に対して利用料を求めるというものである．

中には特許をもっていないのに，特許を持っているから利用料をよこせという虚偽の通達をだす組織もある．

パテントトロールからの通達があったら，組織内の法務担当者に相談し，適切に対応する必要がある．

2.8 著作権

(1) 著作権とは

著作権は「表現」に関する権利である．著作物とは著作権法で以下のとおりに定められている．

> 著作権法二条１項１
> 思想又は感情を創作的に表現したものであつて、文芸、学術、美術又は音楽の範囲に属するものをいう。

著作物の例は以下のとおりである．

> 著作権法第十条
> １　この法律にいう著作物を例示すると、おおむね次のとおりである。
> 一 小説、脚本、論文、講演その他の言語の著作物
> 二 音楽の著作物
> 三 舞踊又は無言劇の著作物

四 絵画、版画、彫刻その他の美術の著作物
五 建築の著作物
六 地図又は学術的な性質を有する図面、図表、模型その他の図形の著作物
七 映画の著作物
八 写真の著作物
九 プログラムの著作物

2 事実の伝達にすぎない雑報及び時事の報道は、前項第一号に掲げる著作物に該当しない。
3 第1項第九号に掲げる著作物に対するこの法律による保護は、その著作物を作成するために用いるプログラム言語、規約及び解法に及ばない。この場合において、これらの用語の意義は、次の各号に定めるところによる。
一 プログラム言語 プログラムを表現する手段としての文字その他の記号及びその体系をいう。
二 規約 特定のプログラムにおける前号のプログラム言語の用法についての特別の約束をいう。
三 解法 プログラムにおける電子計算機に対する指令の組合せの方法をいう。

著作権は商標や特許のように登録するものではなく，著作物を作成した時点で権利が発生する．たとえ素人が書いた汚い絵であっても描いた本人に権利がある．検索エンジンで調べれば，希望どおりの文章やイラスト・写真を探すことができる．これらを考えるヒントにするのは問題ない．しかしそれを丸ごとコピーして使用してしまえば著作権の侵害となる場合がある．

(2) 著作権フリーの画像やプログラムにまつわる注意事項

イラストや写真などは権利関係をクリアにしてWebやチラシなどに使ってもよいという専用のものが販売されている．サービスのデザインにおいてイラストや写真を利用する場合は，これらを正規に購入して使用しなければならない．プログラムも同様で，正規にライセンスされたものしか利用してはならない．

特に気を付けなければいけないのが，ネット上で「著作権フリー」と銘打ったイラストや写真，プログラムの取り扱いである．これらはWebサイト上で「著作権フリーです」といっているだけであって，著作者との契約関係がどうなっているか不明なものもある．Webサイトの管理者が「私が書きました」,「私が撮りました」,「私がプログラムしました」と主張しているだけで，実際はそうではない可能性もある．

前述の「販売されている素材」であれば，購入した段階で販売元との契約が成立している，もしそれが不正に取得されたものであったとしたら，責任は販売元にある．しかしWebで「著作権フリー」と称されるものをそのまま使ったとしても，責任関係は発生しない．実際，反社会的組織が自ら著作権を持つイラストを別のダミーサイトで「著作権フリー」と偽って頒布し，そのイラストを利用した団体などに対して「不正に利用された．利用料を支払え」と脅迫した

ということがある.

さらに著作権フリーですと銘打っていたものが，ある日突然「今日から利用料をいただきます」と主張し始めるかもしれない．このような無用なトラブルに巻き込まれないよう，ちゃんと販売されてWebなどで利用してもよいとされているイラスト集などを利用する必要がある.

(3) 投稿型サービスにおける著作権の扱い

同様に気を付けなければいけないのが，投稿型サービスでの著作権の取り扱いである．投稿型サービスにおいては「著作権はサービス運営者側に帰属する」という規約を作る傾向がある．これは投稿された画像や文章を2次利用することで新たな収入源としようという目的からである．しかしこれも反社会的組織のターゲットとなってしまう.

反社会的組織はその規約を悪利用し，第3者を装って自ら著作権を持つ画像や動画を投稿する．自ら傘下に収めるアイドルグループが歌っている動画や，自らが権利をもつ成人向けコンテンツなどを投稿することもある．アイドルや成人向けコンテンツは人気のあるコンテンツなので，投稿型サービスの中でもメインのコンテンツに成長していく.

ある程度コンテンツが溜まり，表示回数や再生回数が増えた段階になったら反社会的組織からの脅迫が始まる．投稿型サイトにある自らが権利を持つコンテンツが「不正に利用された，利用料を支払え」というものだ．「著作権はサービス運営側に帰属する」とある以上，著作権の不正取得として，閲覧数に応じた利用料を支払わなければならなくなる場合がある．これを避けるためにも「著作権は投稿者側にある．著作権に関するトラブルは投稿者が責任を負う」とする必要がある [2].

2.9 Webに関する権利

Webに関する権利として代表的なものとして商標・特許・著作権を紹介した．他にも様々な権利がある．せっかく企画したものが権利侵害によって中止になったということは珍しい話ではない．権利関係を調べるのも企画のうちである．権利を交換，もしくは買い取る必要があれば，その経費についても考慮する必要がある.

Webに関連する法案として「景品表示法」,「個人情報保護法」,「電気通信事業法」,「特定商取引法」などがある（表2.2)．法律は“知りませんでした”ではすまされない（違法性の意識)．違法行為があれば懲役や禁固・罰金などに至ることもある.

特に景品表示法はWebの企画において最も意識をしなければならない法律の1つである.

表 2.2 Webに関する法案.

関連法案	適用範囲
景品表示法	キャンペーンなどの規制
個人情報保護法	個人情報の保護の規制
電気通信事業法	通信の秘密などの規制
特定商取引法	ECに関する規制

景品を付けたキャンペーンはもちろん，課金ゲームにおける「ガチャ」などに関連する法律である．

(1) 景品表示法

景品表示法は不当景品類及び不当表示防止法の略称で，さらに略されて景表法といわれることもある [3]．景品表示法の第1条に，

> 第一条 この法律は，商品及び役務の取引に関連する不当な景品類及び表示による顧客の誘引を防止するため，一般消費者による自主的かつ合理的な選択を阻害するおそれのある行為の制限及び禁止について定めることにより，一般消費者の利益を保護することを目的とする．

とあるとおり，不当な顧客誘引，わかりやすくいうとキャンペーンやおまけに関しての規制をする法律である．不当とみなされるものに，以下の3つがある．

1) 優良誤認表示
2) 有利誤認表示
3) その他，誤認されるおそれのある表示

(2) 優良誤認表示

優良誤認表示とは合理的な根拠がない効果・効能などの表示である．ブランド牛ではない普通の牛肉をブランド牛として売る．人造ルビーを天然ルビーとして売る，などだ．ものの販売だけではなく，根拠なく業界NO.1やA社の2倍などの表示をすることも優良誤認表示とみなされる．さらに，旅行の案内ページに実際には見ることのできない景色の写真を表示させることも優良誤認表示にあたる．

監督官庁である消費者庁は表示の裏付けとなる合理的な根拠を示す資料の提出を事業者に求めることができる．合理的な根拠がなければ不当表示として指導をうけることとなる．

Webの企画において最も気を付けなければいけないのが，SNSやミニブログなどのクチコミにおける優良誤認表示である．SNSには「いいね！ボタン」があるものがある．サービスや会社に対して「いいね！」という評価を個人が付けることのできるサービスである．しかしこれは「いいね！=良い」ということを認識させるための表示であるため，その会社関係者や取引関係者が，自らの所属を明らかにしない状態で「いいね！」を押せば，優良誤認表示に該当する可能性がある．新しいサービスがリリースされる，新しい商品が販売されるときに，社員や関係者に「いいね！を押してください」と呼びかけるケースが散見される．しかしこれは立派な不法行為になる可能性があるということを認識する必要がある．

同様にサービスやアプリなどを星の数で評価するシステムがある．これも社員や関係者に対して「5つ星を付けてください（最高評価をつけてください）」と依頼し，実行してしまえば優良誤認表示にあたる．あまりに不自然な星の付き方はあやしまれ，何らかのきかかけで「この会社はこんな通達を社員に出している」などとリークされれば，サービスブランドの低下や，会社の信頼度は急落する．自分の関わるサービスに対していい評価を多くつけたくなるものだ

が，法律に違反しないためにも「サービスをご利用いただき感想を書いてください」というお願いにとどめておかなければいけない．

(3) 有利誤認表示

有利誤認表示とは，価格などが実際のものよりも著しく有利であると一般消費者に誤認される表示である．たとえば「半額セール！」などと銘打った場合，一定期間以内に定価で販売した実績がなければいけない．特に企画の開始，人を集めたいばかりに「今ならポイントが2倍！」といままで販売したこともないものと比較して銘打つことはできない．

また他者との比較で「B社の2倍あります」と根拠なく表示してはいけない．B社と比較するならB社のキャンペーンや特典内容など最もB社に有利な状態での比較をする必要がある．

(4) その他，誤認されるおそれのある表示

その他，誤認されるおそれのある表示としては「おとり広告」や「原材料の偽装」などである．おとり広告とは，実際販売されていない商品を表示し，消費者を誘引する広告である．不動産でやたらと安い物件を表示しておいて客を呼びよせ，もう売り切れたといって別の物件を案内する，ECにおいて格安商品でお客様の申し込みだけうけて，売り切れてしまったので別の商品を購入しませんかと案内するなどだ．

また食品の原材料がちがう，服の繊維が表示どおりではないなども違法行為である．

(5) 景品類についての規制

景品表示法では景品類，いわゆる「おまけ」についても規制している．Webに最もかかわるのが一般懸賞である（表2.3）．

一般懸賞とは，ある物を買ったりサービスを買ったりすれば抽選で景品を差し上げます，というものだ．過去におまけが過当競争になってしまったことがあり，法律で規制されている．5,000円未満の商品に関しては 取引価額の20倍，5,000円以上 の商品に関しては10万円までの景品を抽選でプレゼントすることができる．ただし景品の総額は抽選対象となる商品やサービスの売上予定総額の2％以内に収めなければならない．

表 2.3 景品類についての規則．

懸賞による取引価額	一般懸賞における景品塁の限度額	
	最高額	総額
5,000円未満	取引価額の20倍	懸賞に係る売上予定総額の2%
5,000円以上	10万円	

ネットゲームにおいては，ゲームアイテムやキャラクターのスキルなどは便益，労務その他の役務にあたり，景品表示法の規制の対象になる．近年ネットゲームで問題になったのは「絵合わせ」である

ネットゲームで一時期流行した「コンプガチャ」と呼ばれるものがある．ランダムで出るカー

ドを集め，すべての種類が集まるとより強いアイテムを貰えるサービスである．

懸賞景品制限告示第5項では「二以上の種類の文字，絵，符号などを表示した符票のうち，異なる種類の符票の特定の組合せを提示させる方法を用いた懸賞による景品類の提供（絵合わせ）」を禁止している．過去に野球選手のカードをつけたお菓子が発売された際，すべてのポジションが揃えばバットとグローブをプレゼントするというキャンペーンが行われた．ポジションは9個しかないので比較的に簡単に集まるだろうと子供たちが誤解し，お菓子は飛ぶように売れた．しかし，あるポジションだけが出る確率が低くなるように設定されており，大量にお菓子を買っても景品がもらえないとして社会問題化した．この事件を受けて絵合わせは禁止されている．

同様にコンプガチャも一見簡単に集まりそうに見えて，最後の1枚がなかなか出ないしくみになっていた．射幸心をあおり，消費者に過剰な消費をさせるとして，消費者庁から指導が出た．

2.10 その他の法律

その他，Webに関しては個人情報保護法，電気通信事業法，特定商取引法などが関係する．個人相手に商売をする場合は，氏名や住所などの個人情報を保護する義務があり，受注の際に個人情報保護ポリシーを表示し，お客様に同意してもらう必要がある．ECであれば特定商取引法に準じた手続きが必要である．さらに電気通信事業者であれば，通信の秘密を守る義務があるなど，Webに関しての法律は多数ある．

せっかく作ったWebサイトが，法律違反によって停止，責任者は懲戒処分ということはWebの世界ではしばしばある話である．この程度なら見つからないだろうということはない．ビジネスの世界で働いていれば，ライバル他社がこちらの足をひっぱろうとWebの細かいところまでチェックしている．常に細心の注意を払い，順法主義に基づいてWebの企画にあたる必要がある．

演習問題

特許や商標の確認

設問1 特許の情報を提供している独立行政法人工業所有権情報・研修館のWebサイトで，企業や商品の商標を確認せよ．自分が知っている企業や組織についてキーワードを入れて結果を見よ．

設問2 設問1と同じサイトで，企業の特許を検索せよ．自分が知っている企業と興味あるキーワードを組合せ検索せよ．

参考文献

[1] 発明・工夫と特許の国：北海道経済産業局 (2004). http://www.hkd.meti.go.jp/hokig/student/

[2] 田代光輝，服部哲：情報倫理—ネットの炎上予防と対策—，共立出版 (2013).

[3] 不当景品類及び不当表示防止法ガイドブック：消費者庁 (2011). http://www.caa.go.jp/representation/pdf/110914premiums_1.pdf

第3章
動線を作る

□ 学習のポイント

本章ではユーザが目的に沿って動けるサイト構造を作るために必要な動線について学ぶ．動きのためのナビゲーション，誰もがアクセスできるようにするためのアクセシビリティの基礎知識を得，Web サイトの使いやすさを向上させるとともに，多様なデバイスへの対応も視野に入れる．さらに，Web サイト制作者がデザイン担当とコミュニケーションを取ることを想定し，デザイナの仕事とはどのようなものかを解説する． Web デザインそのものを修得するための内容ではない．デザインの技法は本書で扱いきれるものではなく，また，今日ビジネスとして行われる Web 制作においては，多くの場合，デザイナがデザインを担当するためである．

具体的には，次の項目について学ぶ．

- Web サイトを閲覧する際のユーザの動線および動線を実現するためのナビゲーションについて理解し，その設計の基本的な設計手法を学ぶ．
- Web サイトのアクセス可能性を担保するための基本的な考え方「ユニバーサル・アクセス」，「デバイス・インディペンデンス」について理解する．

□ キーワード

動線，ナビゲーション，アクセシビリティ，ユニバーサル・アクセス，デバイス・インディペンデンス，デザイン

3.1 動線とは

Web サイトを閲覧するユーザの立場に立つと，まずはアクセスすることができ，その後，目的に応じて Web サイトの中を閲覧してまわることができなければならない．最低限でも「迷子にならない」，より良いものをめざすのであれば快適に動き回れることをめざす必要がある．このようなユーザの動きを動線という．

動線は Web サイトの設計段階で組み込み，ユーザの動きをある程度誘導していく必要がある．そのニュアンスが強い場面では「導線」の語を用いるが，本書では「動線」とする．

この動線の重要性は近年より増している．Web サイト全体の量が増加し，特にビジネスレベ

ルの現場ではアクセスの増加，ユーザの増加への要請が高い．快適に閲覧できる Web サイトは新規のユーザの閲覧時間を延ばすことはもちろん，リピータを獲得するために非常に重要であるといえる．

また，Web サイトを制作・運用した後，ユーザの実際の動線を分析する手法が一般化した（第 13 章 アクセス解析を参照）．そのため，より精度の高い設計が可能になった．このことは反面として，きちんと動線を設計していないサイトの地位が相対的に大きく低下してしまうことを意味する．

3.2 動線設計の例

Web サイトの目的に沿ったユーザが訪れたと仮定してその動きを考える．サイトの一部を閲覧したいユーザであれば，どの部分が目当てでもスムーズに動けなければならない．また，全体を読み進める目的のユーザであれば，順次閲覧のための手がかりが必要である．動線を検討する際には，PC（パソコン）上のツールもよいが，付箋と紙を用いて入れ替えをしながら検討する手法が有効である（図 3.1）．

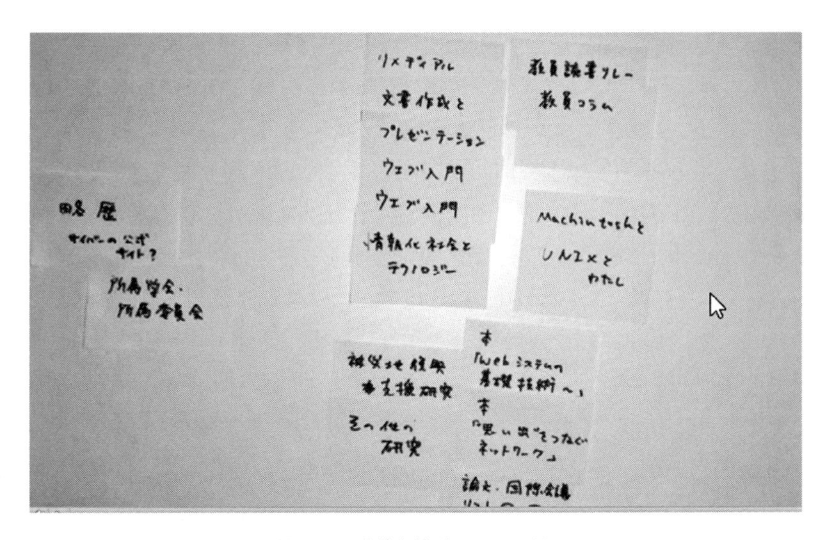

図 3.1　動線を検討している例.

3.3 ナビゲーション

Web サイトでユーザが動くためのしくみはハイパーリンク（リンク）である．リンクをクリックし，ページからページへ移動することになる．このリンクをわかりやすく示し，ユーザの動きを促すしくみがナビゲーションである．

たとえば，以下の Web ページには大きく分けて 3 つのナビゲーションが存在する（図 3.2）．

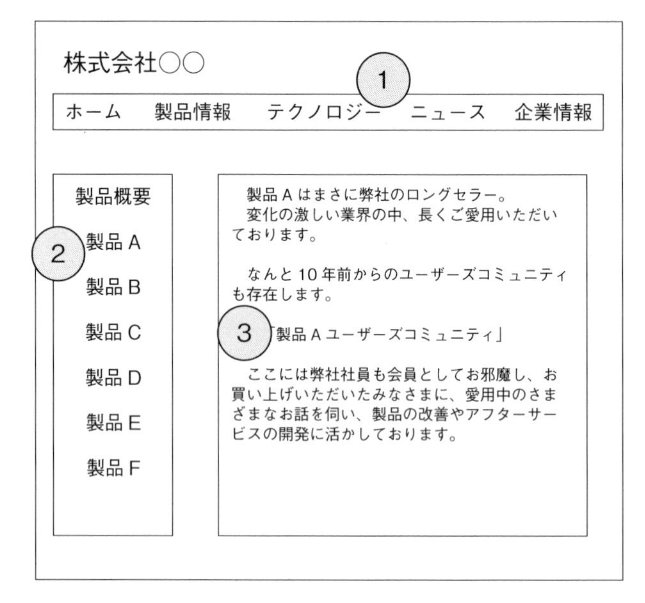

図 3.2 ナビゲーションの例.

図3.2 ① で示されている部分がグランドメニューと呼ばれる，全体のメニューである．これはどのページを訪れても表示されている．② で示されている部分はサイドメニューである．これは訪れる場によって変更され，より詳細な，個別のページへとユーザを導く役割を持っている．③ で示されている部分は個別のリンクである．本文中に関連するページなどを直接示すもので，ユーザの関心により，もっと深く知りたい場合はクリックするといった動きを可能にする．また，全体を示すサイトマップをつける場合も少なくない．これはサイト全体の図であって，大づかみに全体を把握したいユーザのためのものである．また，トップページから現在閲覧しているページまでの階層を示す「パンくずリスト」もよく使用される．これはWebサイト全体から見て現在ユーザがアクセスしているページがどこにあたるかを示すものである．

こうしてナビゲーションを整備することにより，ユーザが快適にWebサイト内を閲覧することが可能になる．ナビゲーションの整備はコンテンツの量が多ければ多いほど重要になる．必ずしも最初の設計のときだけでなく，改訂やコンテンツ増加の際にも，都度ナビゲーションを考慮することが望ましい．

3.4 アクセシビリティ

アクセシビリティとは「アクセスできること」，すなわち，Webの分野では，Webページにアクセスできることを指す．アクセシビリティはWebでは大変重要視されており，Web標準化団体「World Wide Web Consortium」（以下，W3C）によってガイドラインがとりまとめられ，これを守ることがWebサイト制作者には求められている [1].

「アクセスできること」とだけ聞くと単純に思われるかもしれないが，いつでも，誰にとってもアクセスできることをめざす，といえば，これが大きな目標であることが理解されるであろう．本書ではガイドラインの詳細を解説するのではなく，基本的な考え方を理解し，必要に応じてガイドラインを引いて活用するための素地を作ることをめざす．

アクセシビリティの基本的な考え方はユニバーサル・アクセスとデバイス・インディペンデンスの2つである．以下，順に説明する．

(A) ユニバーサル・アクセス

ユニバーサル・アクセスとは，誰もがWebによる利益を得られるようにすることである．具体的には，ハードウェア・ソフトウェア，ネットワークインフラ，母国語・文化・場所，身体能力・知的能力の差異によってWebを使用できないことがない，というものである．代表的には，目が見えないユーザを想定したWebコンテンツの音声読み上げソフトへの対応がある．

むろん，あらゆる側面から完全なアクセスを保証することはきわめて難しい．そのため，W3Cは，たとえばWebを書く言語であるHTMLを英語以外の言語の表現にも対応するといった形で，多方面からアプローチしている．

(B) デバイス・インディペンデンス

デバイスとは装置，インディペンデンスとは独立していることである．Webを使用するための装置にはいろいろなものがあるが，特定の機器に依存しなくてもWebを使用できることを指す．具体的には，一部の装置だけでアクセス可能なWebサイトは好ましくないと判断される．W3Cはそのための原則やテクニックについてもとりまとめて公表している．

ユニバーサル・アクセスはWebを利用したグローバルな企業活動や社会活動が広がっている現在，きわめて有益であることが理解されるであろう．また，スマートフォンやタブレットなど多様な端末が普及し，回線速度にもWebを利用するシチュエーションにも多様性が増す一方である現在では，デバイス・インディペンデンスは単なる理想ではなく，現実的にWebを進化させるために大切な考え方であるといえる．実際にアクセシビリティを向上させることがWeb制作者の利益になる例については，第13章で後述する．

3.5 デザイナとのコミュニケーション

本節は，ニフティ株式会社　ブランドデザイン部長　瀬津勇人氏による2014年度神奈川工科大学における講演を基に，図表の提供を得て作成されたものである．文責は筆者による．

デザインという語は意匠と訳され，元の意味は「設計」にもあたる．外見のみならず，人間がある目的をもってする動作をより良くするための計画を行う，ととらえるとよい．したがって，Webのデザインにおいても，単に外見を作成するのではなく，Webサイトが持つ機能を考慮しつつ，ユーザの目的をかなえる設計をするのがデザイナの役割である．もちろん，色彩やレイアウトなどの外見を決めること，それを実装すること，という一般的なイメージの「デザイナの仕事」も行う．しかし，それはデザイナの仕事の，あくまで一部である．

それでは色彩やレイアウトを決める，実装する以外に，何を行うか．Web サイトを利用時の流れ，時には Web サイト以外の動きも含んだ流れを設計するのである．いわば，ユーザ体験のストーリーを作る作業である．デザイナは色彩やレイアウトをストーリーに合わせてデザイン画に起こす．それが Web 上で動作する HTML・CSS のコードとして実装される．

こうしたプロセスには当然，Web サイトを企画し制作と統括する人間とのコミュニケーションが必要である．ストーリーの基になるアイデア，ユーザ体験のイメージはデザイナが考えるというより，Web サイトを企画した側から「汲み出す」ものであるからだ．

したがって，デザイナにはレイアウトや色彩を決める能力，それを表現するための専門的なソフトウェアを操作する能力，ストーリーをふくらませるアイデアの他，コミュニケーション能力が求められる．一般的にデザイナの能力としてイメージされているのは以下の図 3.3 の淡色の部分であろう．しかしながら，それ以外の濃色の部分もデザイナにとって重要なスキルであるといえる．

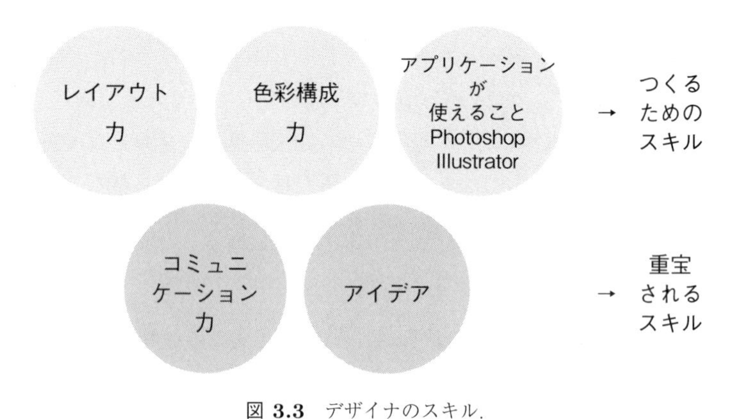

図 **3.3** デザイナのスキル．

3.6 Web サイトデザイン制作の流れ

ここでは，Web サイトのデザインが作られるまでのプロセスを見ながら，その中でデザイナが担当する部分を学ぶ．企業や個人によって方法は異なるが，例を挙げると，Web サイトデザイン制作全体は以下のように進行する（図 3.4）．

このプロセスの中でのデザイナの役割を説明する．Web サイトの企画者の仕事の詳細については第 1，2 章を参照されたい．

まず，Web サイトの企画者が Web サイトのコンセプトを設定し，要件を定義，目的や課題を整理してサイトに盛り込む内容の明確化を行う．デザイナは Web サイトの企画者にインタビューを行うなどしてアイデアを提供，表示方法が技術的に可能か検証し，デザインの方向性を決める（図 3.5）．なお，ここでデザインされるユーザとのやりとりのための画面全体をユー

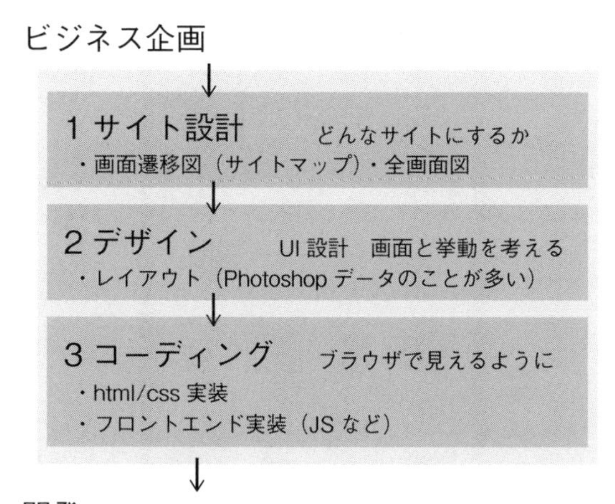

図 3.4　Web サイトデザイン制作の流れ．

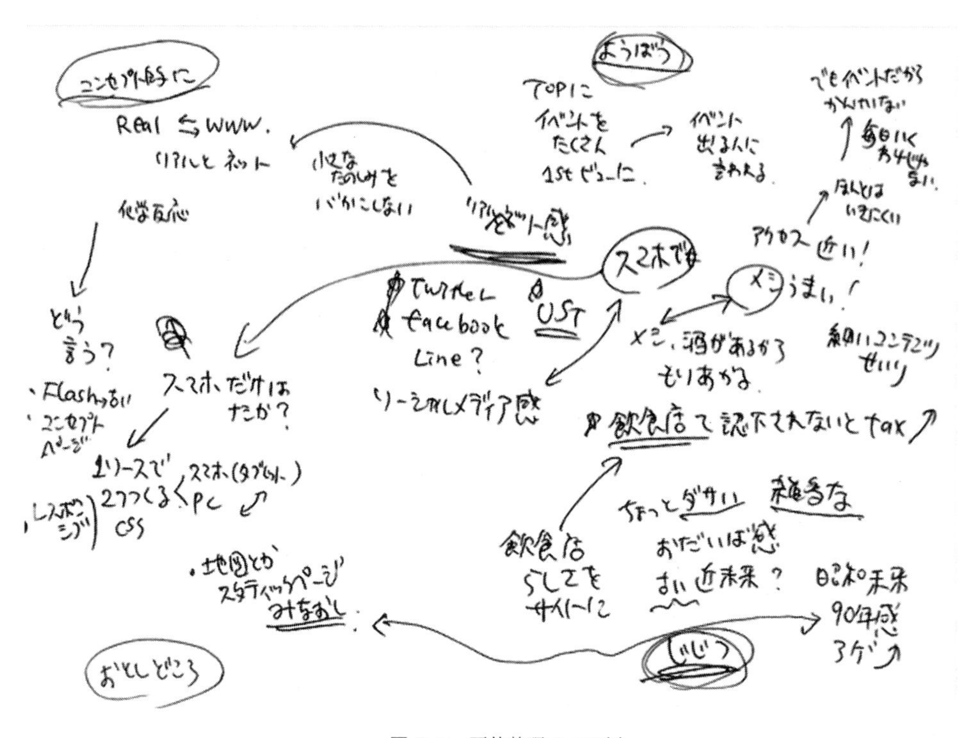

図 3.5　要件整理メモの例．

ザインターフェース (UI) と呼ぶ．

要件が整理され，デザインコンセプトが決まったら，それを基にページ単位での設計を行う．全ページの構造を示し，ユーザがたどって動く筋道を示すものである．これは画面遷移図（サイトマップ）で表現することが一般的である．サイト全体の構造を図に表したものである．加えてページごとに簡潔に内容を示し，ねらいを書く．これについては一般的に企画者が作成する．

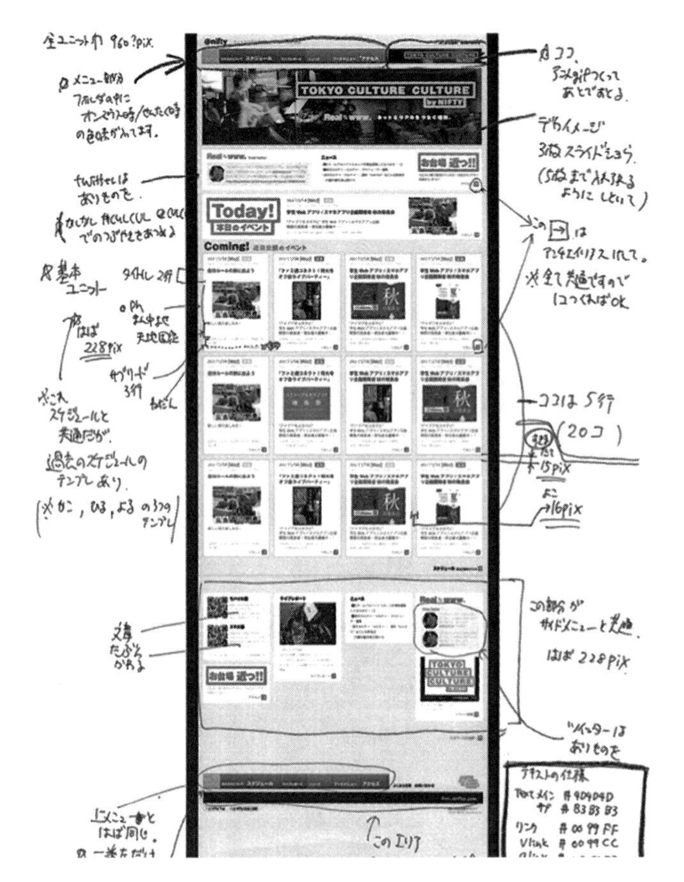

図 3.6　レイアウトの例（メモつき）.

その後，各ページの要素を記載した全画面図を作成する．この段階でも一部，外見の情報が入ることがある．

続いて，デザイナが画面の原寸大のレイアウトを作成する．ここで色彩などの外見の要素がすべて示される．この部分の制作には Photoshop や Illustrator といったソフトウェアが使用されることが多い．その後の工程であるコーディングのための留意点や依頼などについて，別途指示書を作成することもある（図 3.6）.

その後はコーディングを行って実装する．

デザイナは一般的には，Web 制作の一部を担うものである．Web 制作とは，サイト設計と，デザインと，コーディングからなり，デザイナは前述のように，設計にもコーディングにもかかわりながら仕事をする．ユーザ体験のストーリーを考え企画のエッセンスがよく表現されるアイデアを提供することのできるデザイナ，あるいはコーディングの知識があって，実装時の留意点や依頼を的確に実装担当に伝えることのできるデザイナが重宝され，それがまったくできなければデザイナとして成り立たない．Web サイトのデザインとは，単に美しい画面があればよいのではなく，企画に沿って設計されていなければならないし，実装可能なものでなければならないのである.

本項の例はデザイナの仕事の幅がかなり広いケースである. 企画やコーディングなどの担当者とデザイナの間でかなり綿密なコミュニケーションが行われていたと推測される. コミュニケーションと相互作用なしに, このようなストーリーを作り実装することは難しいためである.

それではもっと規模の小さな企画で, ユーザの体験が Web 上で完結し, 目的もささやかなものであれば, デザイナとのコミュニケーションはなくてもよいであろうか. その場合はどちらかといえば, できあいのデザインを買い取る, あるいはすでに提供されているものを使用することになるであろう. Web サイトのデザインテンプレートは多く出回っており, 無料で使用できるものも少なくない.

特に商業目的の Web サイト制作において, デザイナが制作にかかわるのであれば, 企画担当や全体の責任者は, 外見を作成する作業だけを依頼する場合であっても, どういった企画で, どういった印象を与えたいのかをしっかり伝達する必要がある. さらに, 本章で例示したような「話を汲み取りストーリーを作る」ことのできるデザイナであるならば, 企画・実装のプロセスにおいてもコミュニケーションを取りながら制作を進めることが不可欠になろう.

演習問題

設問 1 任意の Web サイトを訪問し, リンクのある箇所を見て「グランドメニュー」,「サイドメニュー」,「個別のリンク」のどれにあたるか, それ以外のものはあるかを判定せよ.

設問 2 デザイナに Web サイトを発注する立場になったと仮定し, 最初の要請を作成せよ. 続いて, それに対する要件整理の概要を想定せよ.

参考文献

[1] Web Content Accessibility Guidelines (WCAG) 2.0 (2008). http://www.w3.org/TR/2008/REC-WCAG20-20081211/

第2部　Webサイトの実装

第4章 Webサイト表示のしくみを知る

□ 学習のポイント

本章では，クライアントサイド技術を中心にWebサイト表示のしくみを解説する．一般に，Googleや Yahooの検索サービスを利用して必要なサイトにアクセスする．頻繁に利用するサイトであれば"お気に入り"に登録しておく．いずれの場合も何らかの方法で目的のページのアドレス (URL) をブラウザに入力し，そのページが表示される．ブラウザはなぜWebページを表示することができるのか．本章はブラウザでの表示に焦点をあて，Webサイトの基礎となる知識の獲得をめざす．具体的には，次の項目について理解を深めることを目的とする．

- ブラウザの構造を理解する
- ブラウザとWebサーバのやり取りによるHTMLファイルの表示を確認する
- HTML，JavaScript，Flashの基本を理解する

□ キーワード

ブラウザ，HTTPユーザエージェント，パーサ，レンダラ，Webサーバ，リクエストメッセージ，レスポンスメッセージ，HTMLファイル，JavaScript，Flash

4.1 ブラウザによる表示のしくみ

4.1.1 ブラウザの構造

ブラウザとは，Webサイトを閲覧するためのソフトウェアである．今日では，ほぼすべてのパソコンや携帯端末（従来型の携帯電話，スマートフォン，タブレットなど）にあらかじめインストールされている．また，数多くのブラウザを利用可能である．

ブラウザは大きく3つのモジュール（部品）から構成されている．それらは，Webサーバと HTTP(HyperText Transfer Protocol) メッセージをやり取りし，HTML(HyperText Markup Language) 文書—HTMLファイルの内容—を取得する「HTTPユーザエージェント」，HTML文書を解析する「パーサ」，HTML文書の解析結果に従ってブラウザの画面上に文字や画像を配置して，Webページを表示する「レンダラ」である．パーサとレンダラをあわ

せてレンダリングエンジンと呼ぶこともある.

HTTP ユーザエージェントは Web ページがどこにあるかを示す URL(Uniform Resource Locator) を解析し，Web サーバとメッセージをやり取りするためのプロトコル（規約），Web サーバの名前，Web サーバ上の HTML ファイルのパス名（サーバ上のフォルダ階層とファイル名をスラッシュでつないだもの）を取得する．そして，それらに基づいて HTTP のリクエストメッセージを作成し，Web サーバにそのリクエストメッセージを送信する．また，Web サーバから受け取るレスポンスメッセージから HTML 文書を取り出してパーサに渡す．パーサは HTML 文書のタグを解析する．レンダラはパーサによる HTML 文書の解析結果に従って Web ページを画面に表示する [1]（タグについては第 8 章を参照).

4.1.2 静的ページ表示のしくみ

Web はクライアント・サーバ方式のシステムである [2]．つまり，何らかのサービスを提供するサーバと，それを利用するクライアントから構成される [3]．クライアントがサーバにリクエストを送信すると，Web サーバがそれに対してレスポンスを返す．Web の世界ではクライアント＝ブラウザ，そして，サーバ＝ Web サーバである.

Web の基本は，文字や画像などのコンテンツからなる Web ページをあらかじめ Web サーバに用意しておき，ブラウザからのリクエストに応じて Web サーバが Web ページを返信することである．このようにあらかじめサーバに用意された Web ページを静的ページと呼び，静的ページがブラウザの画面に表示されるまでのしくみを図 4.1 に示す.

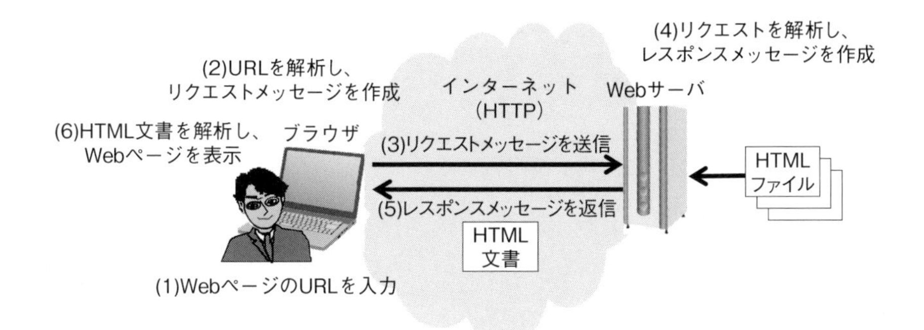

図 4.1 静的ページ表示のしくみ.

(1) Web ページの URL を入力

Web サイトの閲覧者（利用者）はブラウザのアドレス欄に Web ページのありかを示す URL を入力することによって，Web ページの表示処理が開始される.

URL では，http://www.komazawa-u.ac.jp/index.html のように，Web サーバとやり取りする方法 (http)，Web サーバの名前 (www.komazawa-u.ac.jp)，サーバ上でのファイルのパス（/index.html（最初の「/」は Web サーバが公開しているフォルダのうち最上位のフォルダである)）を示すようになっている.

図 4.1 では利用者がアドレス欄に URL を入力するようになっているが，Web ページに埋め込まれているリンクをクリックしたり，ブラウザのお気に入りに登録したものから選択したりすることによっても，Web ページの表示処理は開始される.

(2) URL を解析し，リクエストメッセージを作成

利用者が URL を入力すると，ブラウザは，前節で説明したように，URL を解析し，HTTP の仕様に従ってリクエストメッセージを組み立てる. リスト 4.1 はリクエストメッセージの例である.

リスト **4.1** リクエストメッセージの例.

```
GET /index.html HTTP/1.1
Accept:text/html,application/xhtml+xml,application/xml;q=0.9,image/webp,
*/*;q=0.8
Accept-Encoding:gzip,deflate,sdch
Accept-Language:ja,en-US;q=0.8,en;q=0.6
Cache-Control:max-age=0
Connection:keep-alive
Host:www.komazawa-u.ac.jp
User-Agent:Mozilla/5.0 (Windows NT 6.3; WOW64) AppleWebKit/537.36 (KHTML, like
Gecko) Chrome/36.0.1985.143 Safari/537.36
```

リクエストメッセージの 1 行目はリクエストラインと呼ばれており，Web サーバに対する命令（メソッド）や，Web サーバ上の HTML ファイルのパス名などが含まれる. 一般的に，静的ページ表示の場合,「GET」と呼ばれるメソッドが利用される. このメソッドは Web サーバ上のファイルを取得することを意味する. リクエストライン以降にリクエストヘッダとリクエストボディが続き，リクエストヘッダでは，Web ブラウザで受け入れ可能なデータの種類や言語，Web ブラウザの種類などの情報が指定される.

(3) リクエストメッセージを送信

HTTP のリクエストメッセージが作成されると，ブラウザはオペレーティングシステムの通信機能を介して，リクエストメッセージを Web サーバに送信する.

(4) リクエストメッセージを解析し，レスポンスメッセージを作成

Web サーバがリクエストメッセージを受け取ると，その内容を解析し，要求されたファイルを読み込み，そのファイルの内容—基本的には HTML 文書であるが，画像データなどの場合もある—を含んだレスポンスメッセージを組み立てる. リスト 4.2 はレスポンスメッセージの例である.

リスト **4.2** レスポンスメッセージの例.

```
HTTP/1.1 200 OK
Cache-Control:no-store, no-cache, must-revalidate, post-check=0, pre-check=0
Connection:Keep-Alive
Content-Type:text/html
Date:Sun, 17 Aug 2014 07:37:45 GMT
Expires:Thu, 19 Nov 1981 08:52:00 GMT
Pragma:no-cache
Server:Apache
transfer-encoding:chunked

<!DOCTYPE html>
<html>
（中略）
</html>
```

レスポンスメッセージの1行目は，サーバ上での処理が正常に終了したことや，要求されたファイルが存在しなかったことなど，Webサーバ上での処理の結果を知らせるステータスラインが置かれる．リスト4.2ではサーバ上での処理が正常に終了したことを示す「200 OK」となっている．この例のように，サーバ上での処理が正常に終了した場合，ステータスライン以降に要求されたHTML文書や画像データが続く．

(5) レスポンスメッセージを返信

HTTPのレスポンスメッセージが作成されると，Webサーバはオペレーティングシステムの通信機能を介して，リクエストメッセージを，リクエストを送信したブラウザに返信する．

(6) HTML 文書を解析し，**Web** ページを表示

レスポンスメッセージを受け取ると，ブラウザはその中に含まれるHTML文書を解析し，Webページを表示する．Webページ内に画像が含まれていれば，ブラウザはその画像をWebサーバから取得するために，新たにHTTPのリクエストメッセージを組み立て，Webサーバとのやり取りを通じて画像データを取得し画面に表示する．HTTPでは1回のリクエストレスポンスによって1つのファイルだけを取得するため，Webページ内に複数の画像が含まれていれば，その数だけブラウザとWebサーバの間でリクエストとレスポンスが行われる．

4.1.3 HTML ファイルの基礎知識

Webページは HTML によって記述されるわけであるが，そのファイルが HTML ファイルであり，一般的に HTML ファイルの拡張子は「html」である．そして HTML ファイルの内容が HTML 文書であり，html や body など特別な記号（タグ）で文書やデータが記述される．HTML ファイルはテキスト形式のファイルであるため，テキスト形式のファイルに対応したソフトウェア，テキストエディタさえあれば HTML ファイルを編集することができる．テキストエディタは様々なオペレーティングシステム用のものが存在する．そのため，Windows パソコンでも，Mac OS のパソコンでも，Linux のパソコンでも HTML ファイルを編集することが

できる．また，HTMLの仕様に従って記述されたWebページであれば，ブラウザの種類を問わず，そのファイルの内容＝HTML文書を解析し表示することができる [4]．もちろんスマートフォンにインストールされたブラウザであっても，HTMLによって記述されたWebページを表示可能である．

HTMLでは，文字だけでなく画像や動画などのマルチメディアコンテンツを扱うこともできる．また，Webページ中の特定の文字や画像に関連するWebページや画像を結びつけることができる．このしくみによって，あるHTMLファイルから関連するWebページや画像を簡単に参照することができるハイパーテキストが実現されている．

これらの特徴によって，文書や画像，動画などのコンテンツを容易に関連付けることができ，世界規模のデータベースが構築されるのである．

4.2 クライアントサイド技術入門

4.2.1 HTMLの基礎

第3章で述べたように，HTMLでは，リンクのしくみによってWebページ中の特定の文字や画像に関連するWebページや画像を結びつけることができるわけであるが，一般的にWebページは，そのようなリンクだけでなく，見出し，段落，図・表などから構成される．HTMLではこれらはすべてタグと呼ばれる特別な記号（印）によって記述される．タグは「<」と「>」で囲まれたものであり，たとえば，段落を意味する「<p>」，Webページに画像を埋め込むための「<img>」など，様々なタグが存在する．それらは主にWebページの文書構造を記述するためのタグである．ブラウザはこれらのタグを理解し，その文書構造に従ってWebページを表示するのである．

タグの詳細は第8章で説明されるが，ここではHTMLファイルの全体構造を説明する．図4.2はシンプルなHTMLファイルの例である．このHTMLファイルをブラウザで表示すると，画面には「こんにちは」と表示される．

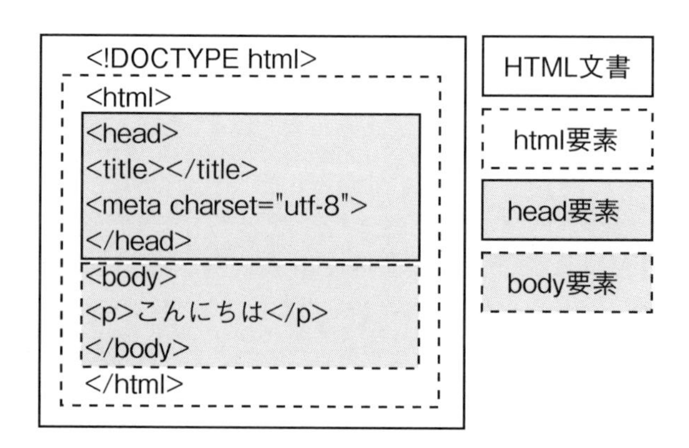

図 4.2　HTMLファイルの全体構造.

HTML ファイルの先頭は文書型宣言が記述される．本書の対象である HTML5 より前のバージョンの HTML では，様々な文書型宣言が利用され，その記述も複雑であったが，HTML5 では図 4.2 に示したように「<!DOCTYPE html>」と記述するだけでよい．

文書型宣言より下に HTML のタグを利用して Web ページを記述するわけであるが，タグには開始タグと，「<」と「>」で囲まれた部分が「/」で始まる終了タグがある．開始タグから終了タグまでを要素と呼び，開始タグと終了タグで囲まれた部分を（要素の）内容と呼ぶ．たとえば，「<p> こんにちは </p>」と記述した場合，p 要素の内容は「こんにちは」という文字列である．内容には別の要素を入れることもできる．このような構造を入れ子構造と呼び，外側の要素を親要素，内容に入れられる内側の要素を子要素と呼ぶ．また，タグには「<meta charset=”utf-8”>」の「charset=”utf-8”」のように属性を付けることができる．属性は「属性=”属性値”」という形式によって開始タグの中に記述され，要素に補足的な情報を追加するために使用される．また，「<input id=”str” type=”text” name=”str”>」のように複数の属性を半角スペースで区切って付けることもできる（「<input id=”str” type=”text” name=”str”>」はリスト 4.3 を参照）．

Web ページ全体は html タグによって囲まれ，その中に head 要素と body 要素が含まれる．つまり，head 要素と body 要素は html 要素の子要素となっている．head 要素は Web ページのタイトルや文字コードなど，Web ページに関する情報（このような情報のことをメタデータと呼ぶ）を記述するための要素を含む．一方，body 要素は Web ページを構成する文章や画像などのコンテンツを記述するための要素を含み，Web ページの本文に相当する．ブラウザの画面に表示されるものはすべて body 要素の中に記述される．

4.2.2 JavaScript と Flash

(1) 動的処理技術へのニーズ

本来，Web は世界中に分散した研究者同士で情報を共有するために考案されたシステムであったため，静的ページを閲覧することができれば，その目的にかなうものであった．しかし Web が普及するにつれ，静的ページの閲覧のみならず，双方向のコミュニケーションを実現することへのニーズが高まっていった．つまり，動的処理技術へのニーズである．

動的処理技術は何らかのコンピュータプログラムによって実現されるわけであるが，そのプログラムがブラウザ上で実行されるものをクライアントサイドの動的処理技術と呼び，Web サーバ上で実行されるものをサーバサイドの動的処理技術と呼ぶ．クライアントサイドの動的処理技術とサーバサイドの動的処理技術では，Web サーバの動作や実現可能なことに違いがあるが，本項ではクライアントサイドの動的処理技術について述べ，サーバサイドの動的処理技術については次章で述べることにする．

クライアントサイドの動的処理技術の場合，それを実現するためのプログラムは Web ページのコンテンツの一部である．そのため，そのプログラムもブラウザからのリクエストに応じて Web サーバから返信される．そして，そのプログラムがブラウザ上で実行されることによって，たとえば，マウスの動きや Web ページの閲覧時刻に応じて表示する画像を変更する，アニメーションを実行するなど，インタラクティブな Web ページが実現される．

このようなインタラクティブな Web ページを実現するための技術の代表例として JavaScript と Flash が存在する．

(2) JavaScript とは

JavaScript(JS) は 1990 年代の中ごろに開発されたものであるが，主要なブラウザによって正式に採用され，また，1997 年には ECMAScript として標準化されることによって，JavaScript の中核的な仕様が完成し，クライアントサイドの動的処理技術を実現するためのものとして広く普及していった．JavaScript は，Java や C++ 言語のようにオブジェクト指向の考え方を取り入れているものの，それらの言語のように本格的なオブジェクト指向言語ではなく，シンプルな文法を採用している．JavaScript のプログラムは script タグによって HTML ファイルに記述され，直感的でリッチなユーザインタフェースを提供する．JavaScript のプログラムは Web サーバ上のデータを書き換えることはできないし，ブラウザが動作しているパソコンのハードディスクのデータを取得したり，そのデータを Web サーバに送信したりすることはできない．しかし，HTML5 では Web アプリケーションを開発するための様々な命令 (API(Application Programming Interface)) が用意されており，JavaScript からこれらの API を利用することによって，GPS(Global Positioning System) や無線 LAN のアクセスポイントから位置情報を取得する，ブラウザが動作するパソコン上のファイルを操作する，ブラウザ上にキャンバスを用意して画像を描画するなど，従来はできなかった，あるいは難しかった様々なことを実現可能になっている．また，JavaScript が普及するとともに，様々なライブラリ—汎用性の高い複数のプログラム部品を他のプログラムから利用しやすいようにまとめたもの—が提供されるようになってきており，その中でも jQuery の利用が広がっている [5]．jQuery を利用することによって，たとえば，ライトボックス—画像をクリックするとブラウザの画面全体にその画像を拡大表示する—や，画像のスクロール—複数の画像をマウス操作によって簡単に左右にスクロールする—，後述の Ajax を実装することができる．

(3) JavaScript の基礎

JavaScript のプログラムを含んだ HTML ファイルの例をリスト 4.3 に示す．このファイルをブラウザで開くと図 4.3 の左側のように表示され，テキストボックスに文字を入力して [実行] ボタンをクリックすると，その文字がテキストボックスの下に表示される（図 4.3 の右側）．と

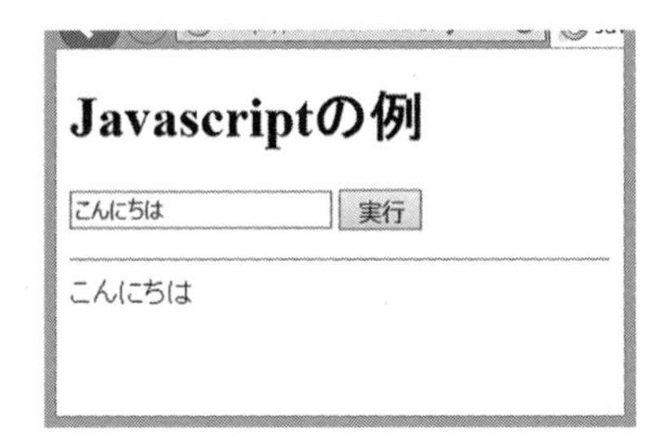

図 4.3 JavaScript のプログラムの実行例．

てもシンプルなプログラムであるが，JavaScript の基本的な事項を含んでいる．

リスト **4.3** JavaScript のプログラムの例．

```
<!DOCTYPE html>
<html>
<head>
<meta charset="utf-8">
<title>JavaScript の例</title>
<script>
<!--
// ここにスクリプトを記述
  function hello() {
    var a=document.getElementById("str").value;
    document.getElementById("result").innerHTML=a;
  }

//-->
</script>
</head>
<body>
<h1>JavaScript の例</h1>
<p>
<form>
<input id="str" type="text" name="str">
<input type="button" value="実行" onclick="hello()">
</form>
</p>
<hr>
<div id="result">ここに入力内容が表示されます</div>
</body>
</html>
```

先にも述べたように，JavaScript のプログラムは script タグによって HTML ファイルに記述される．その方法はいくつかあり，リスト 4.3 では script 要素の内容に JavaScript のプログラムを直接記述してる．JavaScript のプログラム（リスト 4.3 では function で始まる行から 4 行分）を HTML ファイルとは別のファイル（拡張子は js）として作成し，そのファイルを HTML ファイルに取り込むことも可能である．その場合は「<script src="sample.js"></script>」のように記述する（sample.js はファイル名であり，適宜変更する必要がある）．

JavaScript では「function」を利用して関数を定義する．プログラムの分野において，関数とは，「何らかの処理を行い，その結果を返す」ものである．リスト 4.3 では hello という名前の関数を定義しているが，関数 hello は処理の結果を返す必要がないため，「その結果を返す」という部分は記述されていない．そしてプログラム中に「hello()」のように記述すると，その関数を利用して「何らかの処理」を実行することができる．

「document.getElementById("str").value」と記述すると，id 属性の値が str となっているテキストボックスに入力された値を取得することができる．プログラムでは何らかの値を保持するために変数が利用される．リスト 4.3 では「var a=document.getElementById("str").value;」

と記述することで，テキストボックスに入力された値を変数 a に保持するようにしている．

「document.getElementById(”result”).innerHTML」と記述すると，id 属性の値が result となっている要素の内容を参照することができる．そして，「document.getElementById(”result”).innerHTML=a」のようにすると，その内容を変数 a の値に置き換えることができる．つまり，関数 hello が行う「何らかの処理」は「id=”str”のテキストボックスに入力された値を変数 a に保持し，その内容を id=”result”によって指定された場所に表示する」ことである．

なお，JavaScript のプログラムの前後に「<!–」と「//–>」が記述されている．これは，script タグに対応していないブラウザのためのものであるが，本書においては「おまじない」的なものと考えておけばよい．また，「//」から行末まではコメントであるため，「// ここにスクリプトを記述」のようにプログラムの作成者・日，あるいは簡単な説明などのメモを残しておくことができる．コメントはプログラム中のどこに記述してもよい．

以上が JavaScript のプログラムの説明であるが，[実行] ボタンがクリックされたときに関数 hello が実行されるようにしなければならない．それを実現するためのしくみがイベントハンドラである．イベントとはブラウザに表示された Web ページ上で発生するものであり，たとえば，ボタンがクリックされた，マウスが写真に合わせられた，チェックボックスにチェックが入ったなど，ブラウザ上では利用者の操作に応じて様々なイベントが発生する．このイベントを検出し，何らかの処理を行うしくみがイベントハンドラであり，イベントハンドラは HTML のタグの中で属性として記述される．リスト 4.3 ではボタンがクリックされたことを検出して何らかの処理を行う，onclick というイベントハンドラを設定している．具体的には input タグの中で「onclick=”hello()”」と記述することによって，「ボタンクリック時」に「関数 hello を利用する」という処理を行うようにしている．つまり，ボタンクリック時に関数 hello が行う「何らかの処理」が実行されるのである．なお，イベントハンドラを JavaScript のプログラムの中で記述することも可能である．プログラムの詳細な説明も含めて，詳しくは文献 [6] や文献 [7] などの解説書を参照されたい．

(4) Flash とは

一方，Flash もクライアントサイドの動的処理技術を実現するためのものであるが，JavaScript のプログラムがブラウザのみで実行可能であるのに対し，Flash で作成されたコンテンツ（Flash コンテンツ）を動かすためにはブラウザの機能を拡張するプラグイン—Flash Player—をインストールする必要がある．Flash も JavaScript と同じ年代に開発された．Flash はもともと，FutureSplash 社の「FutureSplash Animator」というアニメーション制作用ソフトウェアと，それを再生するための「FutureSplash Player」というプラグインであったが，Macromedia 社と Adobe 社による買収と改名により，現在は Flash コンテンツを制作するための「Adobe Flash」と「Adobe Flash Player」になっている．Adobe Flash によって動画や音声を組み合わせたコンテンツを作成することができ，Flash コンテンツを Web ページに埋め込むには embed タグや object タグを利用する．そしてその Flash コンテンツを Adobe Flash Player

によって再生するのである．また，ActionScriptというプログラミング言語によって，プログラムでアニメーションを生成したり，再生や停止などその時間軸の動きをコントロールしたり，コンテンツがマウスの動きに反応したりするなど，インタラクティブなコンテンツを作成することができる．このActionScriptもECMAScriptがベースとなっている．プログラムの詳細な説明も含めて，詳しくは文献[8]や文献[9]などの解説書を参照されたい．

演習問題

設問1 ブラウザの構造を説明せよ．

設問2 リスト4.3を参考に，入力された値を5倍したものを表示するように変更せよ．

設問3 Flashを利用しているWebページを複数閲覧し，Flashの特徴をまとめよ．

参考文献

[1] 梅村信夫：Webプログラミング① はじめてのHTML & JavaScript，翔泳社(2001).
[2] 山本陽平：Webを支える技術 HTTP, URI, HTML, そしてREST，技術評論社(2010).
[3] 小森裕介：プロになるためのWeb技術入門，技術評論社(2010).
[4] 狩野祐東：スラスラわかるHTML & CSSのきほん，SBクリエイティブ(2013).
[5] 山田祥寛：JavaScript本格入門，技術評論社(2010).
[6] 山田祥寛：10日でおぼえるjQuery入門教室，翔泳社(2011).
[7] 古籏一浩：JavaScript逆引きハンドブック，シーアンドアール研究所(2012).
[8] 加藤才智，まつばらあつし：Flashレッスンブック，ソシム(2013).
[9] 外間かおり：FLASH Professional CS6スーパーリファレンス，ソーテック社(2012).

第5章
Webサーバの動きを知る

□ 学習のポイント

本章では，一般にWebアプリケーションと呼ばれるしくみを実現するサーバサイド技術を解説する．サーバサイド技術では，動的にHTML文書を作り出すためにWebサーバ上でプログラムが実行される．そして今日では，数多くのWebアプリケーションが様々なサービスを提供している．そのしくみはどうなっているのか．本章ではその問いに答えられるようになるために動的処理技術の知識獲得をめざす．具体的には，次の項目について理解を深めることを目的とする．

- ブラウザとWebサーバ上で動作するプログラムとのやり取りを理解する
- Webプログラミング言語とWebアプリケーションを学ぶ
- サーバサイド技術によって何が可能になるのかについて理解する

□ キーワード

サーバサイドの動的処理技術，フォーム，メソッド，リクエストパラメータ，CGI，Perl，PHP，Ruby，Webアプリケーション，データベース，セッション

5.1 サーバサイド技術入門

5.1.1 サーバ上で動作するプログラムを利用するための基礎

(1) 概要と事例

動的処理技術は何らかのコンピュータプログラムによって実現されるわけであるが，そのプログラムがWebサーバ上で実行されるものがサーバサイドの動的処理技術である．サーバサイドの動的処理技術を利用することによって，Webサイト上の情報検索やネットショッピングなど利用者の要望に応じて動的にWebページを生成することが可能になる．サーバサイドの動的処理技術のしくみを図5.1に示す．静的ページ表示と同様に，ブラウザはWebサーバにリクエストメッセージを送信し，レスポンスメッセージに含まれるHTML文書を解析し，画面に表示する．サーバサイドの動的処理技術の場合，リクエストメッセージのリクエストラインに記述されるパス名がWebサーバ上のプログラムである．そのため，静的ページの表示と大

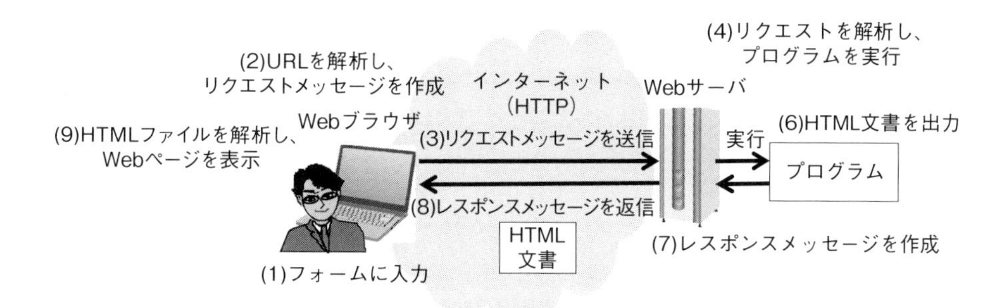

図 **5.1** サーバサイドの動的処理技術のしくみ.

きく異なるのは，リクエストメッセージを処理するサーバ側の処理である．静的ページ表示の場合，Web サーバはリクエストメッセージを解析し，あらかじめ用意された Web ページをブラウザに返信する（図 4.1 を参照）．一方，サーバサイドの動的処理技術の場合，Web サーバがリクエストメッセージを解析するところまでは同じであるが，そのリクエストメッセージで指定されたプログラムを返信するのではなく，サーバ上でプログラムを実行する．そして，その実行結果として HTML 文書が出力され，Web サーバはそれに従ってレスポンスメッセージを組み立ててブラウザに返信する．Web ページは HTML ファイルとしてあらかじめ用意されるのではなく，Web サーバ上で実行されるプログラムによってリクエストに応じて作成されるのである．そのため，サーバサイドの動的処理技術のよる Web ページ表示のことを動的ページの表示という．

サーバサイドの動的処理技術を利用した代表的なサービスとして Web 検索サービスがある．図 5.2 は Google が提供する Web 検索サービス (http://www.google.co.jp/) を利用して，「サイバー大学」という検索語で検索した結果である．この例のように，Web 検索サービスでは，利用者がキーワードを入力するためのテキストボックスに検索語を入力し，「検索」などと記載されたボタンをクリックすることによって，Web サーバ上のプログラムが実行され，その結果として入力された検索語を含む Web ページが一覧表示される．

一般に，利用者が Web ページ内のテキストボックスやチェックボックスに検索語などの値を入力したり選択したりし，Web サーバ上で実行されるプログラムに送信するためのしくみをフォームと呼ぶ．サーバサイドの動的処理技術は利用者がテキストボックスなどに値を入力し，「検索」や「実行」などと記載されたボタンをクリックすることによってサーバ側で処理が開始されることが多い（図 5.1 の (1)）．

(2) メソッドとリクエストパラメータ

サーバサイドの動的処理技術であっても，ブラウザと Web サーバは HTTP に従ってやり取りを行うため，Web 検索サービスにおける検索語のように，テキストボックスなどに入力された値もリクエストメッセージによってブラウザから Web サーバに送信される．リクエストメッセージのリクエストラインではメソッドが指定されるわけであるが，サーバ上のプログラムへ

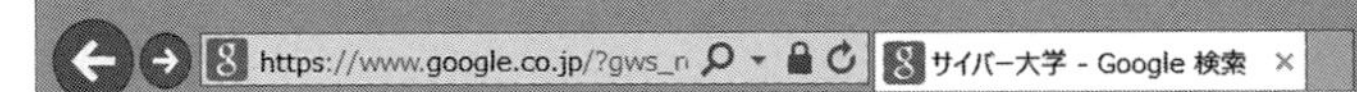

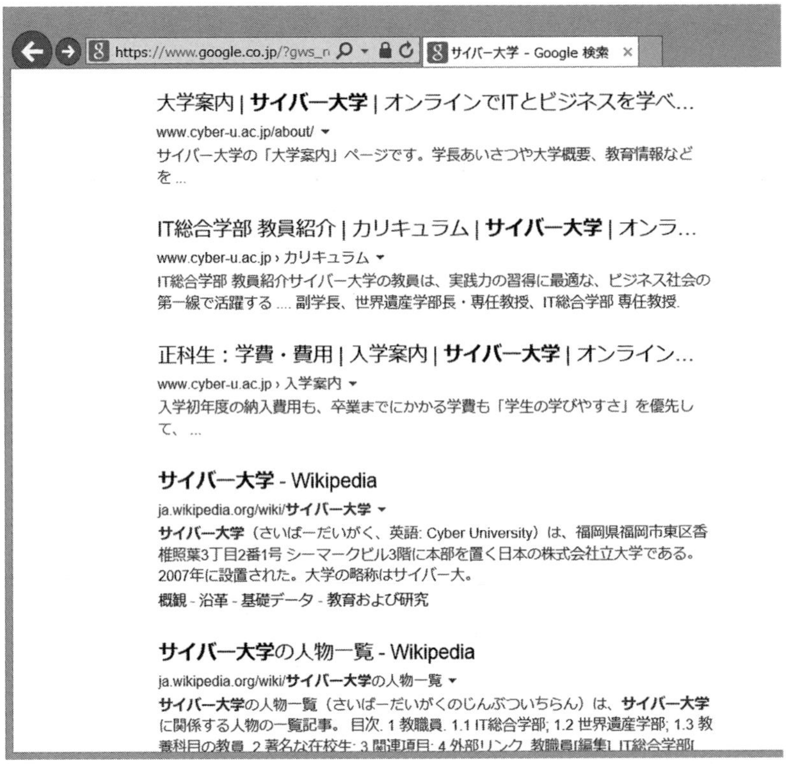

図 **5.2** Web 検索サービス (Google) の実行例.

のリクエストの場合，メソッドには「GET」の他に「POST」が使われることもあり，「GET」と「POST」というメソッドの違いによって，利用者が入力した値をブラウザから Web サーバへ送信する方法も異なっている [1].

GET メソッドの場合，リクエストラインのパス名に利用者が入力した値が付与される．たとえば，「search.php?keyword=サイバー大学」という具合である．一方，POST メソッドの場合，リクエストボディが利用され，そこに利用者が入力した値が「keyword=サイバー大学」というような形式によって含まれる．サーバ上で動作するプログラムはメソッドの違いに応じて適切な方法で，利用者が入力した値を取得しなければならない．なお，GET メソッドの場合，リクエストボディは存在しない（リスト 4.1 を参照).

GET メソッドであっても，POST であっても，テキストボックスなどに利用者が入力した値は「keyword=サイバー大学」のような形式でブラウザから Web サーバへ送信されるわけであるが，このような形式によってブラウザから Web サーバに送信される値をリクエストパラメータという．「keyword=サイバー大学」のように，リクエストパラメータは「パラメータ名=値」という形式であり，パラメータ名はテキストボックスやチェックボックスなどを作成するためのタグにおいて name 属性によって指定される．つまり，フォームに含まれるテキストボックスやチェックボックスなどにはそれぞれ name 属性によって名前を付与するのである．たとえば，テキストボックスに"keyword"という名前を付与する場合は，「<input type="text" name="keyword">」のようになる．また，1つのフォームによって複数の値をサーバに送信することも可能であり，その場合は「keyword=サイバー大学&event=大学案内」のように「パラメータ名=値」のペアを「&」で区切って列挙する．

(3) CGI

Web サーバがプログラムを実行し，その実行結果を受け取るためには，Web サーバとプログラムとを連携させるしくみが必要である．そのようなしくみとしては様々なものが存在するが，CGI(Common Gateway Interface) はそのようなしくみの中で最も古いものである [2]．CGI は 1993 年にはその最初の仕様が策定され，現在でも広く利用されている．代表的な利用例は，Web サイトのアクセスカウンターやチャット，電子掲示板である．CGI は Web サーバとプログラムとの連携方法を定めた仕様であるが，CGI によって実行されるプログラム（CGI プログラム）を作成するための言語は仕様の中で定義されていない．つまり，CGI は特定のプログラミング言語に依存しないため，様々な言語によって CGI プログラムを作成することが可能である．ただし，CGI では利用者が入力した値は環境変数や標準入力を利用して CGI プログラムに送られ，また，CGI プログラムの処理結果は標準出力を介して Web サーバに渡されるため，CGI プログラムを開発するためのプログラミング言語は環境変数や標準入出力を扱えなければならない．環境変数はオペレーティングシステムが提供するデータ共有方法の 1 つであり，標準入出力はプログラムへの入出力を機器や環境に依存しないようにするためのしくみである．環境変数や標準入出力を扱えないプログラミング言語はほとんど存在しないため，ほぼすべてのプログラミング言語によって CGI プログラムを作成することが可能である．

5.1.2 様々な Web プログラミング言語

前節で述べたように，CGI を利用するのであれば，Web サーバ上で動作するプログラムを開発するための言語（Web プログラミング言語）の種類を問わない．しかし今日では，CGI 以外にも Web サーバがプログラムを実行するためのしくみには様々なものが存在する．そして現在主流となっているのは，PHP や Ruby といったスクリプト系の言語に基づくしくみであろう．スクリプト言語は多くの場合，プログラムを Web サーバ上で公開する前にコンパイルを必要としないインタプリタ方式や実行時コンパイラ方式を採用しており，また，プログラムの中で利用する変数の型をあらかじめ宣言しておく必要がないため，Web 上で動作するプログラムの開発や実行に有利である．そこで本書では，スクリプト系のプログラミング言語の中から Perl，PHP，Ruby を代表例として Web プログラミング言語について述べる．

(1) Perl

Perl は CGI プログラムを記述するためのプログラミング言語として最も多く利用されている [3]．Perl は文字列処理が得意なプログラミング言語であり，その特徴を生かして，フォームのしくみでブラウザから Web サーバに送信され，そして環境変数や標準入力を介して CGI プログラムに渡された値を処理する．

CGI プログラムは処理の結果として HTTP レスポンスのメッセージボディ（多くの場合 HTML 文書）を出力するだけなく，必ずメッセージヘッダを出力する必要がある．Perl の場合，典型的には，「print ”Content-type: text/html; charset=UTF-8¥n¥n”」を実行し，それ以降に HTML 文書を出力する．「¥n¥n」で表される 2 つの改行は，メッセージヘッダの最終行であり 2 つ先の行からメッセージボディが始まることを示すためであり，これは HTTP の仕様に従って出力を行うためである．このように CGI プログラムでは HTTP の仕様に基づいてプログラムを記述する必要があるため，プログラム開発者には，Perl についてのプログラミング能力だけでなく，HTTP についての知識も要求される．

Perl 5 には CGI.pm という便利なモジュールが標準で組み込まれており，このモジュールを利用すれば複雑な文字列処理を実行することなく，利用者がフォームに入力した値を処理することができる．

(2) PHP

PHP(Hypertext Preprocessor) は Web プログラミング言語として広く利用されている [4]. PHP はプログラミング言語だけでなく，その実行環境も含めた用語として使用されることが多く，Apache をはじめとする多くの Web サーバに拡張機能として組み込むことが可能である．CGI ではブラウザからのリクエストがあるたびに CGI プログラムにプロセスを割り当てて実行するため，大量のリクエストがあると，その分だけプロセスの起動と終了処理が必要になり，結果として Web サーバへの負荷が大きくなるという欠点がある．一方，PHP では Web サーバに組み込まれた PHP エンジンが PHP のプログラムを実行するため，サーバへの負荷が軽減される．なお，PHP プログラムを CGI によって実行することも可能である．

PHP では，利用者がフォームに入力した値は特別な配列によって PHP のプログラムに渡されるため，PHP のプログラムは CGI プログラムのように複雑な文字列処理を行うことなく，その値を処理することができる．PHP のプログラムは HTML 文書の中に埋め込まれため，何らかの処理の結果を「echo」や「print」などの命令で出力すれば，その出力内容はそのまま HTML 文書の一部としてブラウザに返信される．

PHP には CakePHP や symfony，codeIgniter など，Web 上で動作するプログラムに必要な共通機能を提供する「Web アプリケーションフレームワーク」が存在し，より少ない労力でプログラムの開発を行えるようになっている．また，PEAR に代表されるように，様々な機能を提供するライブラリも豊富であり，今日ではインターネットから簡単にインストールして PHP の機能を拡張することができる．

(3) Ruby

Ruby はオブジェクト指向のプログラミング言語であり，まつもとひろゆき氏によって開発された [5]. Ruby の特徴は，Perl のような強力な文字列処理機能を有しつつ，文法が簡潔なところにある．

Ruby が注目される理由は，簡潔な言語仕様に加え，Ruby on Rails という強力な Web アプリケーションフレームワークの存在である [6]. 現在数多くの利用者を抱える Twitter も当初はRuby on Railsに基づいていた．Ruby on Railsに基づくプログラムを実行するためのモジュールをApacheに組み込むことは比較的容易であり，また今日では，Ruby on Railsに基づくプログラムを公開できるクラウドサービスも存在する（文献 [7] や文献 [8]）．

Rubyによって CGI プログラムを開発することも可能である．その場合，CGI クラスを利用することによって，フォームに入力された値を取得したり，HTML 文書を出力したりすることができる．もちろん Ruby on Rails を利用してもよく，Web アプリケーションフレームワークを利用したほうがプログラムの開発と保守が容易になる．

5.1.3 Web アプリケーション

Web アプリケーションとは，HTTP や HTML などの Web 技術に基づいて構築されたアプリケーションである．現在，Web アプリケーションによって様々なサービスが実現されているが，代表的なものは以下のとおりである．

情報検索
・検索サービス（検索エンジン，検索サイト）
・乗換案内サービス
・地図サービス
・各種辞書
・翻訳サービス

電子商取引
・ネットショッピング
・ネットスーパー
・ホテルの予約
・チケットの予約
・ネットバンキング

コミュニケーション
・SNS（ソーシャル・ネットワーキング・サービス）
・ソーシャルメディア
・グループウェア
・電子メール
・オンラインストレージ

行政手続き
・確定申告
・住民票の写しの交付請求

・水道の使用開始・中止
・施設の利用予約
・イベントの参加申し込み

Web アプリケーションの起点は，図 5.1 に示したサーバサイドの動的処理技術のしくみのように，利用者がテキストボックスなどに値を入力し，「検索」などのボタンをクリックするところにある．そして基本的な処理は Web サーバ上で実行されるプログラムによって行われる．ただし，HTML5 ではブラウザ側でデータを蓄積したり，グラフィックスの描画や画像処理を行ったりすることも可能になっているため，HTML5 が主流になるに従って，ブラウザでの処理も増えていくものと思われる [9].

Web 検索サービスやネットショッピングなどにも言えることであるが，現在の Web アプリケーションの大半は，Web サーバ上のプログラムの処理の中にデータベースの操作が含まれている．つまり図 5.3 に示すように，サーバ側は，Web サーバ（Web サーバソフトウェア），プログラム，データベースの 3 層構成になっていることが一般的である．あるいは，Web サーバソフトウェアとプログラムをアプリケーション層と見なすことによって，ユーザインタフェース層（=ブラウザ），アプリケーション層（=Web サーバ + プログラム），データベース層からなる 3 層構造と呼ばれることもある．

現在，Web サーバ・プログラム・データベースから構成される Web アプリケーションの開発環境として，Apache，PHP，MySQL というオープンソースのソフトウェアを組み合わせた環境が人気を集めており，それらをパッケージ化した XAMPP の利用が支持されている [10]. XAMPP の「AMP」は Apache，MySQL，PHP を意味しており，もう 1 つの「P」は Perl を意味している．また，XAMPP の「X」は Windows や Mac，Linux といったオペレーティングシステムを問わないクロスプラットフォームで動作することを意味している．XAMPP にはそれらのソフトウェアだけでなく，データベースをブラウザ上で操作するための管理ツール (phpMyAdmin) や，Web サイトを公開するためにファイルを Web サーバに転送するための FTP サーバなどのソフトウェアも含まれている．

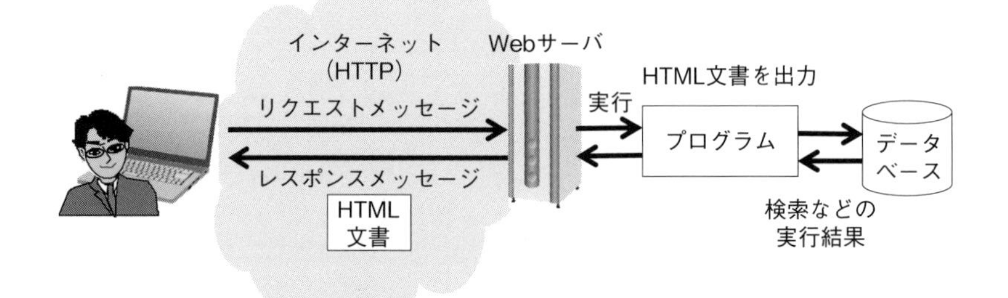

図 5.3 Web データベースの構成.

5.2 サーバサイド技術でできること

(1) データベース連携

サーバサイド技術のメリットの１つはデータベース連携である．大量のデータを蓄積しておき，利用者のニーズに応じて必要なデータを取得し，Web ページとして表示することができる．5.1.3 項で列挙した情報検索のサービスはすべてこのタイプである．たとえば，地図サービスを実現するには，大量の地図情報（道路や河川，施設など地図を構成する事物のデータ）が必要である．これらのデータをブラウザが動作するパソコンに保存し，JavaScript を介して利用することも考えられるが，それだけでクライアントサイドのパソコンの記憶容量を圧迫してしまう．まして，最近はスマートフォンやタブレットが普及しており，これらに大量のデータを蓄積することはできない．また，地図情報は更新され続け，最新の状態に保たれなければならない．クライアントサイドのパソコンに地図情報を保存した場合，それぞれのパソコンに更新データを通知する必要があり，地図情報のメンテナンスも非効率である．これらは，情報検索だけでなく，ネットショッピングのような電子商取引にも言えることである．ネットショッピングでは，利用者が商品を購入するたびに在庫情報を更新する必要があるが，このような処理をクライアントサイドで実現することは不可能であろう．また，サーバサイドにおけるデータベース連携によって，古くは電子掲示板やチャット，また最近では Twitter や Facebook に代表されるソーシャルメディアあるいは SNS のように，利用者同士の情報共有やコミュニケーションも可能となる．これらのサービスもユーザ情報や投稿情報，写真など大量のデータを管理する必要があるため，その背後ではデータベースが動作しているのである．そのため，クライアントサイド技術だけで実現することは不可能であろう．

(2) セッション管理

また，サーバサイド技術を利用することによって，ネットショッピングのように複数の Web ページにまたがるような処理も可能となる．たとえば，ネットショッピングでは，利用者は商品を検索し，購入したい商品があればそれをショッピングカートに追加し，その後，クレジットカードや配送先などの情報を入力し，購入手続きを完了する．この一連の手続きは当然，複数の Web ページにまたがるわけであるが，HTTP ではブラウザからのリクエストとそれに対するレスポンスはその１回のやり取りで完結するように設計されている．つまり，あるブラウザから立て続けにリクエストが送信されたとしても Web サーバはそれらのリクエストが関連しているものであるとは認識せず，それぞれが独立したものと考えるのである．そのため，サーバサイドに特別なしくみを用意しない限り，ショッピングサイトの例のように複数の Web ページにまたがるような処理を行うことはできない．それを実現するための特別なしくみがセッション管理と呼ばれるものである．セッションとは，Web アプリケーション上で利用者が行う一連の操作のことである．セッション管理を実現するために，Cookie というブラウザが Web サーバから指定された値を記憶するための変数の一種を利用することが多い．Cookie を利用したセッション管理では，あるブラウザが，ある Web サーバに最初にアクセスしたときに Web サーバはブラウザごとに異なる値を Cookie としてそのブラウザに保存させ，2 回目以降のアクセスではブラウザから Cookie に保存した値を受け取ることによって，どのブラウザがアクセスしているのかを識別する．このようなセッション管理は PHP など Web アプリケーション開発向けのプログラミング言語にあらかじめ備えられている．

演習問題

設問 1 サーバサイドの動的処理技術について，その概要と，それによって何が実現可能になるのかを説明せよ．

設問 2 Perl，PHP，Ruby 以外の Web プログラミング言語としてどのようなものがあるかを調べよ．

設問 3 情報検索，電子商取引，コミュニケーションの各サービスについて，よく利用するサービスを 1 つ取り上げ，そのサービスではどのような情報がデータベースに蓄積されているかを考えよ．

設問 4 行政手続きのサービスとしてどのようなものがあるか，自分が住んでいる自治体について調べよ．

参考文献

[1] 山本陽平：Web を支える技術　HTTP, URI, HTML, そして REST, 技術評論社 (2010).
[2] 松下温（監），市村哲，宇田隆哉，伊藤雅仁：基礎 Web 技術，オーム社 (2003).
[3] 結城浩：Perl で作る CGI 入門　基礎編，ソフトバンクパブリッシング (1998).
[4] 志田仁美：スラスラわかる PHP，翔泳社，(2014).
[5] 高橋征義，後藤裕蔵（著），まつもとひろゆき（監）：たのしい Ruby　第 3 版，ソフトバンククリエイティブ (2010).
[6] 山田祥寛：Ruby on Rails 3 ポケットリファレンス，技術評論社 (2012).
[7] Heroku　https://www.heroku.com/
[8] MOGOK　http://mogok.jp/
[9] 小林透，瀬古俊一，川添雄彦（著），篠原弘道（監）：HTML5 によるマルチスクリーン型次世代 Web サービス開発，翔泳社 (2013).
[10] XAMPP　https://www.apachefriends.org/jp/index.html

第6章
Webサービスのしくみを知る

□ 学習のポイント

本章では，マッシュアップと呼ばれる手法を可能にするWebサービスを解説する．Googleマップの地図情報，Amazonの商品情報，FacebookやTwitterへ投稿された情報など，Web上には膨大なデータベースが存在し，これらは日々更新されている．新しくWeb上でサービスを提供する場合，すべてをはじめから開発するのは非効率であり，既存のデータベースを活用するほうが望ましい．この手法がマッシュアップである．本章はマッシュアップのしくみを利用するための知識の獲得をめざす．具体的には，次の項目について理解を深めることを目的とする．

- マッシュアップのしくみとAjaxによる実装について理解する
- Webサービスの事例と利用方法を学ぶ
- ソーシャルメディアとの連携手法を知る

□ キーワード

マッシュアップ，リソース，Webサービス，XML，JSON，WebAPI，Ajax，Google Maps API，Amazon Product Advertising API，ソーシャルプラグイン

6.1 マッシュアップという思想

6.1.1 Web上のリソース

(1) マッシュアップとは

マッシュアップとは，Web上で公開されている複数のリソースを組み合わせ，1つのサービスとして提供するWebアプリケーションを開発する手法のことである．「リソースを組み合わせる」という表現に難しさを感じるが，アイデアそのものは決して難しいものではない．もう少し簡単に表現すれば，マッシュアップとは「地図情報や商品情報，あるいはソーシャルメディアに投稿された情報など，自身で用意することが困難なデータを，他者が公開しているサービスから取得し，それらのデータと自身の持っているデータとを組み合わせることによって新しいサービスを提供すること」である．今日では，GoogleやYahooが提供する地図情報にレス

トランや店舗など，様々な情報を重ね合わせたサービスが提供されているが，このようなサービスの実装はマッシュアップの典型例である．他者が公開している2つ以上のサービスを組み合わせることによって新しいサービスを実現することもマッシュアップである．

(2) リソース

ここでWeb上のリソースについて，少し詳しく説明する．URLより広い概念のURI (Uniform Resource Identifier) の仕様であるRFC3986ではリソースを次のように定義している [1].

This specification does not limit the scope of what might be a resource; rather, the term "resource" is used in a general sense for whatever might be identified by a URI. Familiar examples include an electronic document, an image, a source of information with a consistent purpose (e.g., "today's weather report for Los Angeles"), a service (e.g., an HTTP-to-SMS gateway), and a collection of other resources. A resource is not necessarily accessible via the Internet; e.g., human beings, corporations, and bound books in a library can also be resources. Likewise, abstract concepts can be resources, such as the operators and operands of a mathematical equation, the types of a relationship (e.g., "parent" or "employee"), or numeric values (e.g., zero, one, and infinity).

抽象的な部分もあるが，Web アプリケーションの観点から考えれば，Web 上のドキュメント=Web ページ，画像などのファイル，そして，今日の天気を提供するようなサービス（「今日の天気」は時間とともに変化するが，「今日の天気」に関する情報を提供するという点では変化しない）などはすべてリソースとしてとらえることができる．特に，マッシュアップという手法から見れば，Web アプリケーションから利用可能な形で提供されるサービスとしてのリソースが重要である．

(3) Web サービス

近年，マッシュアップという開発手法が注目されているのは，Google や Amazon，Yahoo，あるいは Twitter や Facebook などの大手ネット企業が，自身が提供するサービスのデータベースを外部のアプリケーションから利用できるようにするために，様々な Web サービスを提供していることにその理由がある．

Web サービスと類似の用語に WebAPI がある．WebAPI は Web サービスに対する命令（プログラミング言語の用語では関数あるいはメソッドと呼ぶ）というニュアンスが強いため，本書においてはプログラミング言語から呼び出されるという意味合いが強い場合は WebAPI という用語を用いることにする．また，Web アプリケーションと Web サービスも混同されやすい用語である．どちらも Web 上で提供されるサービスであるが，前者は主にユーザインタフェースを備え，人間によって利用されるものである．一方，後者は技術的な意味合いが強く，それは WebAPI を備えコンピュータプログラムによって利用されるものである．

Web サービスでは，その API の仕様も公開されており，Web プログラミングのスキルを有する人であれば，複数の Web サービスを組み合わせることによって，個人でも膨大なデータベースを構築することなく新しいサービスを開発することが可能となった．大手ネット企業はWebサービスを提供することによって，自身が提供するアプリケーションの裾野を広げ，そのアプリケーションへの注目を集めることができる．それによって，利用者の増加に伴うデータベースの充実やアプリケーションの質の向上を達成し，サービスの付加価値を高めることにつながるのである．

WebAPIを実行した結果は，XML(eXtensible Markup Language)やJSON(JavaScript Object Notification)といった形式で返信されることが一般的である．XMLは，HTMLと同じようにタグによって文書やデータの構造や意味を記述するためのマークアップ言語である．HTMLの場合，タグの種類はあらかじめ決められているが，XMLでは，XMLの利用者がタグを自由に定義することができる．そのため，XMLによって記述したい文書やデータの意味を踏まえてタグを設計することができる．しかしXMLには，表記が冗長すぎる，プログラムからの操作がわずらわしいという問題があり，よりシンプルなデータ形式としてJSONが考案された．JSONは，JavaScript Object Notationというその正式名称が示すように，JavaScriptでオブジェクトを表記するための方法をベースとして開発された．JSONはXMLと同様に人間にもプログラムにも読みやすく処理しやすいことが特徴である．またPHPをはじめ，多くのWebプログラミング言語がJSON形式のデータを扱うための機能を備えている．また，JavaScriptがWebAPIを実行した結果のデータ形式としてJSONは相性がよい．

Webサービスというしくみが提案された2000年ごろは，その用語はSOAP(Simple Object Access Protocol)と呼ばれるプロトコルを利用してXML形式のデータをやり取りすることによって，インターネット上に分散したシステム間を連携させる技術を総称していた．しかし，SOAPが複雑かつ高機能であったため，よりシンプルなものとしてREST(Representational State Transfer)が提案され，今日ではREST形式のWebサービスが広く普及している．

(4) マッシュアップの分類

マッシュアップとひと言で括られてしまうが，そこには，presentationマッシュアップ，dataマッシュアップ，logicマッシュアップの3タイプのものが存在し，この順番に実装は難しくなる [2]．まず，presentationマッシュアップは，複数のサービスからデータを取得し，同一のページに配置するものである．あるサービスから提供されるデータを利用者が加工してWebページに表示することは困難であるが，サービスの提供側がそのサービスからのデータをWebページに埋め込むためのJavaScriptのコードを提供するなど，Webプログラミングのスキルを持たない初心者でも簡単にマッシュアップを実現することができるようになっている．次にdataマッシュアップは，複数のサービスから取得したデータを統合して提供するものである．先に述べた地図上に様々な情報を重ね合わせたサービスはdataマッシュアップの典型例である．dataマッシュアップでは，組み合わせたいサービスが提供するWebAPIを利用して必要なデータを取得し，それを自身が所有するデータと統合することになる．したがって，dataマッシュアップを実現するには，Webプログラミングのスキルに加え，WebAPIの仕様を正しく理解し，適切な方法でデータを取得するようにプログラミングしなければならない．また，JSON

やXMLなど，そのサービスが提供するデータのフォーマットについても理解しておく必要がある．logic マッシュアップは，複数のサービスの入出力処理を連結させたものである．典型的なものとしては，住所から緯度経度データを求めるサービスを利用して，利用者が入力した住所から緯度経度を求め，そのデータを地図サービスのWebAPIに渡し，その位置を地図上にマーカーで示すサービスである．実際，筆者は名古屋市東区のボランティア団体と協力し，地域の安全情報（ひやっとした場所など）をWeb上で共有するサービスを運用していたが，そのサービスでは住所から緯度経度データを求め，その位置を地図上に示していた [3]．logic マッシュアップも data マッシュアップと同様にWebプログラミングのスキルとWebAPIの仕様についての正しい理解が要求される．また，複数のサービスを利用するため，data マッシュアップよりも開発が難しくなると言える．

(5) マッシュアップの課題

このように，マッシュアップの手法を利用すれば，アイデア次第で様々なサービスを開発することができるわけであるが，WebAPIを利用する場合，その仕様が変更されると，マッシュアップによって実装したサービスが機能しなくなるという課題がある．また，各サービスのWebAPIはそれぞれが独自に開発されているため，各APIについて，データのフォーマットなどを正しく理解しなければならない．たとえば，代表的な地図データのAPIであるGoogleのAPIとYahooのAPIでは地図を表示するまでの利用方法が異なるのである．

6.1.2 Ajax

(1) Ajax とは

Ajax（エイジャックス）とは「Asynchronous JavaScript + XML」の略であり，2000年代中ごろから使われるようになった用語である．初出は2005年2月に公開された，Jesse James Garrettのブログ記事といわれている [4]．その記事ではAjaxを次のように定義している [5]．

Ajax incorporates: standards-based presentation using XHTML and CSS; dynamic display and interaction using the Document Object Model; data interchange and manipulation using XML and XSLT; asynchronous data retrieval using XMLHttpRequest; and JavaScript binding everything together.

この定義では，XMLやXMLHttpRequest，JavaScriptなど様々なWeb技術の用語が使われているが，どれもこれまでに開発されてきた技術である．つまり，Ajaxのために新たに開発された技術はなく，Ajaxは既存のWeb技術を組み合わせたものである．そして，Googleマップや Gmail といった Google の各種サービスでの利用がきっかけとなり，現在では多くのサイトでAjaxを使用したWebアプリケーションが開発されるようになり，広く知られるようになった．

Ajaxを使用することによって，Webサーバと非同期にメッセージをやり取りすることが可能となる．たとえば，GoogleマップやYahoo!地図情報などの地図サービスのように，マウス操作による地図の表示位置のスムーズな移動が可能となる．Ajax が登場する以前の地図サービスにおいて地図の表示位置を移動する場合，表示位置の中心となる場所をマウスでクリックしたり，表示位置を上下左右・斜めの 8 方向に移動するためのボタンをクリックしたりすることによって，Web サーバ上のプログラムに地図の表示位置の移動をリクエストし，サーバサイドでその表示位置の地図画像を生成する．そして，その地図画像をブラウザに返すことによって地図を含む Web ページが再描画され，地図の表示位置の移動処理が完了する．つまり，地図の表示位置を移動するたびに HTTP によるリクエストとレスポンスが発生し，Web ページ全体を書き換えているのである．これに対し Ajax を使用する場合，利用者による地図上でのマウスの動きに合わせてバックグラウンドで Web サーバから地図情報が取得される．これにより，マウスドラッグによって地図の表示位置をスムーズに移動することが可能になる．Ajax の場合でも従来の方式と同じく HTTP のリクエストとレスポンスが発生するわけであるが，そのリクエストは JavaScript のプログラムによって Web サーバに送信され，そして，それに対するレスポンスを受け取ったプログラムが必要に応じて Web ページの一部を動的に再描画しているのである．

(2)　XMLHttpRequest

先に述べたように，Ajax は既存の Web 技術を組み合わせたものであるが，その中心的な存在は XMLHttpRequest である．XMLHttpRequest を利用することによって，Web サーバと非同期にメッセージをやり取りすることができるのである．ただし，XMLHttpRequest では非同期通信だけでなく同期通信も可能であるため，状況に応じて非同期通信・同期通信を使い分けることができる．

リスト 6.1 に Ajax を使用した JavaScript のプログラムを含んだ Web ページの例を示す．また，リスト 6.2 はリスト 6.1 のプログラムと非同期通信を行うサーバサイドのプログラムであり，PHP により作成されている．このリスト 6.1 の Web ページにブラウザでアクセスすると図 6.1 の左側のように見出しとテキストボックスが 1 つ表示される．利用者がテキストボックスに名前を入力すると，JavaScript の関数 (ajaxSample) が呼び出され，Ajax によって Web サーバ上のプログラム（リスト 6.2 の ajaxSrv.php）からデータを受け取り，画面に表示する（図 6.1 の右側）．

リスト 6.2 に示したサーバサイドのプログラムは受け取ったリクエストメッセージから利用者が入力した値を取得し ($namae=@trim($_GET['namae']))，「こんにちは○○さん」とおうむ返しする（echo "こんにちは" . $namae . "さん"）だけのシンプルなものである．

リスト **6.1**　Ajax を使用した JavaScript のプログラム例．

```
<!DOCTYPE html>
<html>
<head>
<meta charset="utf-8">
<title>Ajax の例</title>
<script>
```

```
<!--
// クロスブラウザ対策
function createHttpRequest() {
  var xmlHttp;
  if (window.XMLHttpRequest){
    try {
      // IE 以外のブラウザと IE7 以降
      xmlHttp=new XMLHttpRequest();
    } catch(e) {
      xmlHttp=null;
    }
  } else {
    if (window.ActiveXObject) {
      try {
        // IE6
        xmlHttp=new ActiveXObject("Msxml12.XMLHTTP");
      } catch(e) {
        try {
          // IE5 以前
          xmlHttp=new ActiveXObject("Microsoft.XMLHTTP");
        } catch(e2) {
          xmlHttp=null;
        }
      }
    } else {
      xmlHttp=null;
    }
  }
  return xmlHttp;
}

// Ajax を利用した非同期通信のプログラム例
function ajaxSample() {
  var xmlHttpObj=createHttpRequest();
  var namae=document.getElementById("namae").value;
  xmlHttpObj.open("GET", "ajaxSrv.php?namae="+namae, true);
  xmlHttpObj.send(null);
  xmlHttpObj.onreadystatechange=function() {
    if (xmlHttpObj.readyState==4 && xmlHttpObj.status==200) {
      document.getElementById("result").innerHTML=xmlHttpObj.responseText;
    }
  }
}
//-->
</script>
</head>
<body>
<h1>Ajax の例</h1>
<p>
<form>
<input id="namae" type="text" name="namae" onblur="ajaxSample()">
</form>
</p>
```

```
<hr>
<div id="result">ここにメッセージが表示されます</div>
</body>
</html>
```

リスト **6.2** 受け取った値をおうむ返しする PHP プログラム (ajaxSrv.php).

```
<?php
  // フォームの内容を取得する
  $namae=@trim($_GET['namae']);
  // 出力
  echo "こんにちは" . $namae . "さん";
?>
```

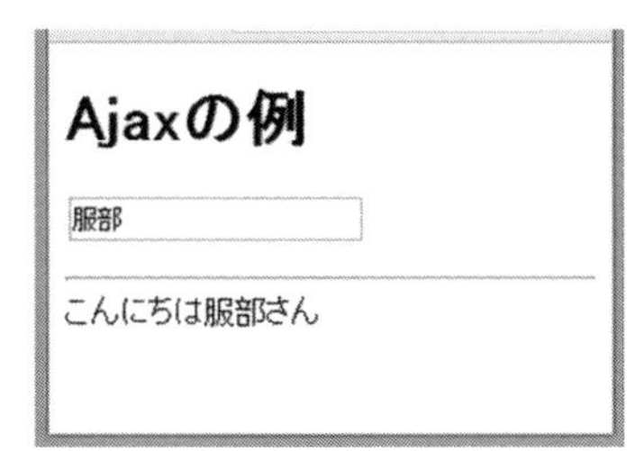

図 **6.1** Ajax によるデータの取得結果.

リスト 6.1 に含まれる JavaScript のプログラムの処理手順は以下のとおりである．なお，jQuery を利用すると，プログラムを簡易化することができるが，ここでは Ajax のしくみを理解するために jQuery を利用していない．jQuery を利用する方法は文献 [6] などを参照されたい．

(Step1) イベントの発生

利用者がテキストボックスに文字を入力し，テキストボックスからカーソルが外れると onblur イベントが発生し，JavaScript の関数 ajaxSample が呼び出される（input タグに設定された onblur 属性）.

(Step2) XMLHttpRequest による非同期通信の開始

関数 ajaxSample では，XMLHttpRequest オブジェクトを生成し，そのオブジェクトを利用して Web サーバ上で実行されるプログラム (ajaxSrv.php) にリクエストメッセージを送信する．このとき，利用者がテキストボックスに入力した値を取得し (namae=document.getElementById("namae").value)，リクエストパラメータとして Web サーバ上のプログラムに渡すようにする ("ajaxSrv.php?namae="+namae).

(Step3) レスポンスの処理

サーバからリクエストが返信されると onreadystatechange イベントが発生し，指定した関数が実行される．リスト 6.1 では xmlHttpObj.onreadystatechange=function(){...}

の中で，リクエストの処理状態を確認し (if (xmlHttpObj.readyState==4 && xmlHttpObj.status==200))，受け取ったデータを画面に表示する (document.getElementById("result").innerHTML=xmlHttpObj.responseText).

次に，XMLHttpRequest オブジェクトの生成から非同期通信の開始，そしてレスポンスの処理までを詳しく説明する.

まず，XMLHttpRequest オブジェクトの生成では，後述のクロスブラウザの問題に対応するため，ブラウザの種類に応じてオブジェクトの生成方法を切り替える．具体的には，Internet Explorer とそれ以外のブラウザ，また Internet Explorer のバージョンごとに XMLHttpRequest オブジェクトの生成方法を切り替える.

次に，XMLHttpRequest オブジェクトの open メソッド（オブジェクトに定義されている命令と考えればよい）を実行することによって，Web サーバ上のプログラムに対してリクエストできるように準備する．open メソッドでは，HTTP のメソッド，Web サーバ上のプログラムのパス名，非同期・同期などを指定する．リスト 6.1 では GET メソッドを指定し，サーバ上のプログラム (ajaxSrv.php) へのリクエスト・パラメータを持ったパス名を指定し，また非同期通信を行うために false を指定している．false を true とすることによって同期通信が可能となる.

そして，実際にリクエストを送信するために，XMLHttpRequest オブジェクトの send メソッドを実行する．send メソッドによって open メソッドで準備したリクエストが Web サーバに送信される．リスト 6.1 では send メソッドを実行するときに null としているが，これは GET メソッドにはリクエストボディが存在しないためである．POST メソッドの場合はリクエストボディが存在するため，send メソッドでリクエストボディを指定することになる.

Web サーバ上での処理が終了すると，その処理結果が戻されるわけであるが，非同期通信の場合，XMLHttpRequest オブジェクトの「readyState」というプロパティ（オブジェクトの属性と考えればよい）の値によってリクエストの処理状態を確認する．また，readyState プロパティの値が変化すると onreadystatechange イベントが発生するようになっているため，そのイベントが発生したときに readyState プロパティの値を確認し，その値が「サーバ側での処理が完了し，データがすべて受信された」状態を意味する「4」になっていれば，受け取ったデータを処理する．また，XMLHttpRequest オブジェクトの「status」というプロパティにはサーバ上での処理が正常に終了したかどうかを示す値が与えられるため，readyStat プロパティの値とともに status プロパティの値も確認する．status プロパティの値が「200」のとき，サーバ上での処理が正常に終了したことを意味する．したがって，readyState プロパティの値が「4」であり，かつ，status プロパティの値が「200」のときのみ，受け取ったデータを処理するようにする．受け取ったデータは，XMLHttpRequest オブジェクトの「responseText」というプロパティによって取得することができる．あるいは，「responseXML」というプロパティで取得する場合もある．両者の違いは受け取ったデータがテキスト形式なのか XML 形式なのかによって使い分ける．以上が Ajax による非同期通信の基本的な処理の流れである．

(3) Ajax の問題点

前節で述べたように，Ajax の問題点の 1 つは，ブラウザの種類によって XMLHttpRequest のオブジェクトの生成方法が異なることである．Web サイトが利用可能なブラウザを特定のものに限定するべきではないため，どのブラウザでアクセスされても適切に動作するようにプログラムを作成する必要がある．このように，主要な複数のブラウザに対応していることをクロスブラウザといい，Ajax に限ったことではないが，Web 制作では常にそのことを意識しておく必要がある．

Ajax にはサーバへの負荷という問題もある．Ajax によるブラウザとのやり取りが増えれば，それだけサーバへの負荷は大きくなる．特に，CGI のようにリクエストが発生するたびに CGI プログラムにプロセスを割り当てる方式の場合，たとえば，利用者のマウスの動きに合わせてバックグラウンドで Web サーバからデータを取得するような手法ではサーバの処理能力を簡単に超えてしまう可能性が高い．

6.2 Web サービスの事例

現在，Web サービスは数多く存在する．本書でそのすべてを紹介することは不可能であるため，ここでは代表的なものを 2 つ紹介し，それらを利用した Web アプリケーションの開発事例を紹介する．

(1) Google Maps API (https://developers.google.com/maps/)

Google Maps API は，Google が提供する Google マップの地図情報や機能を自身の Web ページに表示するための WebAPI である．Google Maps API を利用することによって，Google マップをカスタマイズして表示することができる．Google Maps API では，地図を表示するための API だけでなく，住所から緯度経度情報を求めるための Geocoding API や，施設や観光スポットなどの情報を取得するための Places API なども提供されている．

ここでは，Javascript 用の API(Google Maps JavaScript API) を利用して Web ページに Google マップを表示する方法を説明する．このページはパソコンと携帯端末の両方で利用可能である．

リスト 6.3 は，Google Maps API を利用して地図を表示するための JavaScript のプログラムを含んだ HTML ファイルである．また，図 6.2 はブラウザでリスト 6.3 の Web ページを閲覧した結果である．このリストを参照しながら地図を表示するためのステップを説明する．

リスト **6.3** Google Maps API による地図の表示.

```
<!DOCTYPE html>
<html>
<head>
<title>Simple Map</title>
<meta charset="utf-8">
<style>
div#map {
  width: 480px;
  height: 320px;
}
</style>
<script src="http://maps.google.co.jp/maps/api/js?sensor=false"></script>
<script>
<!--
var map=null;  // 地図

// 地図の初期化
function initialize() {
  // 緯度経度の指定
  var latlng=new google.maps.LatLng(35.62893, 139.658622);  // 緯度, 経度

  // 表示する地図の縮尺, 中心点, 地図の種類などを指定
  var mapOptions={
      zoom: 13,  // 大きいほど大縮尺
      center: latlng,
      mapTypeId: google.maps.MapTypeId.ROADMAP
  };

  // 地図の生成
  map=new google.maps.Map(document.getElementById("map"), mapOptions);
}

// Web ページを読み込んだときに initialize 関数を実行させる
google.maps.event.addDomListener(window, "load", initialize);

//-->
</script>
</head>
<body>
<h1>Google Maps Javascript API の利用例</h1>
<div id="map">ここに地図が表示されます</div>
</body>
</html>
```

(Step1) Google Maps JavaScript API を読み込む

「<script type="text/javascript" src="http://maps.google.co.jp/maps/api/js?sensor=false"></script>」のように script タグを利用して Google Maps JavaScript API を読み込み，JavaScript から API を呼び出すことができるようにする．Android や iPhone などの携帯端末を対象にする場合は「sensor=true」とする．

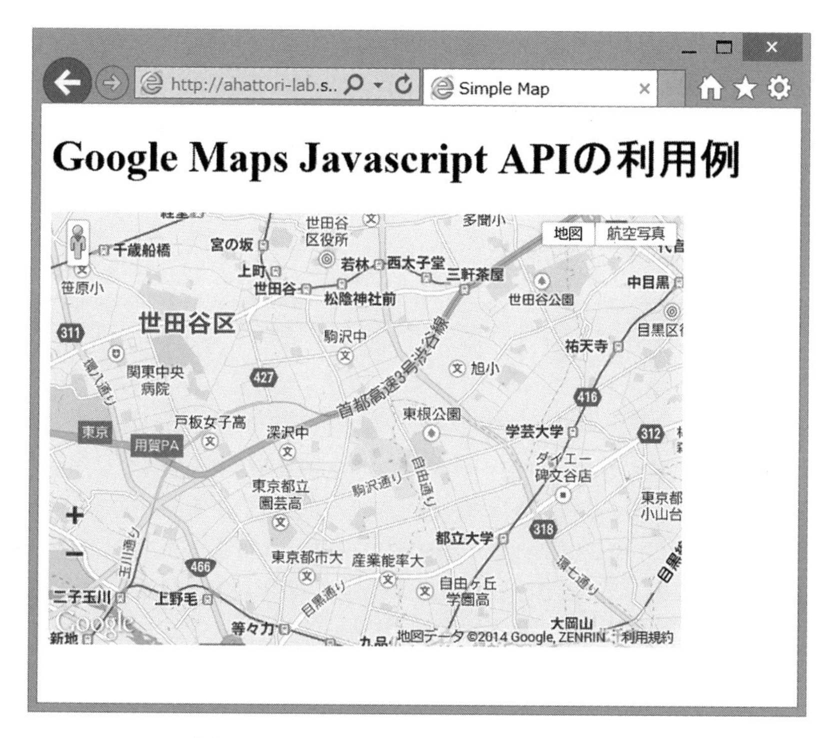

図 **6.2** Google Maps API を介した地図の閲覧.

(Step2) Web ページの読み込みが完了したときに関数を実行する

「google.maps.event.addDomListener(window, "load", initialize)」のように Google Maps API が提供する addDomListener メソッドの引数に,「window」,「"load"」,「関数名」(リスト 6.3 では initialize) と記述すると, Web ページの読み込みが完了したときに実行される関数を設定することができる. このように設定することによって, Web ページの読み込みが完了したときに特定の関数を実行することができ, リスト 6.3 の場合は関数 initialize が実行される.

(Step3) 地図の縮尺や中心点など地図のオプションを決める

変数 mapOptions のように, 地図のオプション (縮尺や中心点など) は JavaScript のオブジェクトを利用して設定される. JavaScript では「zoom: 13, center: latlng, mapTypeId: google.maps.MapTypeId.ROADMAP」のように「キー:値, キー:値」の形式 (プロパティのキーと値を「:」で結び, 複数のプロパティを「,」で結ぶ (リスト 6.3 のように途中で改行してもよい)) でオブジェクトを記述する. リスト 6.3 では, 地図の中心点を「new google.maps.LatLng(35.486315, 139.341679)」としてあらかじめ生成して変数 (latlng) に代入している.

(Step4) 地図を表示する

「map=new google.maps.Map(document.getElementById("map"), mapOptions)」のように, Web ページ内で地図を表示する場所と, 地図のオプションを指定することによって, Google Maps API で地図を表示するための Map クラス (google.maps.Map) のインスタンス

を生成する．地図を表示する場所を，「<div id="map"> ここに地図が表示されます </div>」のようにdivタグでWebページ内に用意し，Mapクラスのインスタンスを生成するときに指定する必要がある．リスト6.3では「document.getElementById("map")」としている．このようにすることで，Mapクラスのインスタンスを生成するとともに，その地図が指定した場所に表示される．なお，地図を表示する場所は領域として確保しておく必要があるため，スタイルシートによってwidthとheight属性を指定しておく．

このようにすれば，Webページ内にGoogleマップの地図を表示することができる．また，Googleマップの地図上にマーカーを表示するには，リスト6.4のように記述すればよい．マーカーを表示する位置や地図をJavaScriptのオブジェクトによって記述し，そのオブジェクトを利用して「marker=new google.maps.Marker(markerOptions)」のようにすることでマーカーが地図上に表示される．なお，地図上に複数のマーカーを表示する，マーカーをクリックしたときに吹き出しを表示する，マーカーを独自のアイコンに変更する，サーバサイドのプログラムと連携させるなど，より詳しい説明は他の専門書（たとえば文献 [7] など）を参照されたい．

リスト **6.4** Googleマップへのマーカーの表示．

```
<!DOCTYPE html>
<html>
<head>
<title>Simple Map</title>
<meta charset="utf-8">
<style>
div#map {
  width: 480px;
  height: 320px;
}
</style>
<script src="http://maps.google.co.jp/maps/api/js?sensor=false"></script>
<script>
<!--
var map=null;  // 地図
var marker=null;  // マーカー

// 地図の初期化
function initialize() {
  // 緯度経度の指定
  var latlng=new google.maps.LatLng(35.62893, 139.658622);  // 緯度，経度

  // 表示する地図の縮尺，中心点，地図の種類などを指定
  var mapOptions={
      zoom: 13,  // 大きいほど大縮尺
      center: latlng,
      mapTypeId: google.maps.MapTypeId.ROADMAP
  };
```

```
  // 地図の生成
  map=new google.maps.Map(document.getElementById("map"), mapOptions);

  // マーカーの生成と表示
  addMarker(latlng);

}

// マーカーを生成・表示してリターンする
function addMarker(posi) {
  // マーカーのオプション
  var markerOptions = {
      position: posi,  // マーカーを表示する位置
      map: map,  // マーカーを表示する地図を指定．ここでは上で生成した map
      title: "駒澤大学"
  };

  // マーカーを生成して表示
  marker=new google.maps.Marker(markerOptions);

  return marker;
}

// Web ページを読み込んだときに initialize 関数を実行させる
google.maps.event.addDomListener(window, "load", initialize);

//-->
</script>
</head>
<body>
<h1>マーカーの表示例</h1>
<div id="map">ここに地図が表示されます</div>
</body>
</html>
```

(2) Product Advertising API [8]

Amazon の Web サービスとしては，様々なタイプのクラウドサービスの総称である Amazon Web Services (AWS) が頭に浮かぶかもしれない．しかし Amazon はそれだけでなく，Amazon のデータベースに蓄積されている膨大な商品情報の検索などを可能にする，Amazon Product Advertising API を提供している．Amazon Product Advertising API は日本以外に，アメリカ，カナダ，イギリス，フランス，ドイツの各国の Amazon のサイトで扱われている商品情報を検索することもできる．Amazon Product Advertising API を実行する際は，Access Key ID や Secret Access Key が要求されるため，アカウント登録を行い，それらを取得する必要がある．1 時間あたりのリクエスト回数に制限があるなど，Amazon Product Advertising API の利用に関しては注意が必要であるため，利用規約に目を通したほうがよい．

ここでは，Amazon Product Advertising API の利用例として，書籍情報を検索する PHP プログラムをリスト 6.5 に示す．また，図 6.3 はそのページにアクセスし，キーワードを「未

来へつなぐ デジタルシリーズ」として検索を実行した結果である．プログラムの詳細な解説はPHP や WebAPI の専門書を参照されたい（文献 [9] や文献 [10] など）．

リスト **6.5** Amazon Product Advertising API の利用例．

```
<!DOCTYPE html>
<html>
<head>
<title>Amazon Product Advertising API</title>
<meta http-equiv="Content-Type" content="text/html;charset=utf-8"/>
</head>
<body>
<h1>Amazon Product Advertising API の利用例</h1>
<?php
  // フォームに入力されているかどうか
  $keywords="";
  // 検索結果
  $res="";
  if (isset($_GET['keywords'])) {
    // フォームの内容を取得する（書籍情報のキーワード検索用）
    $keywords=@trim($_GET['keywords']);

    // API で必要なパラメータ
    $params = array(
        'Service'=>'AWSECommerceService',
        'AWSAccessKeyId'=>' アクセスキー ID',  // Access Key ID
        'AssociateTag'=>' アソシエイトタグ',
        'Version'=>'2013-08-01',  // 最新のバージョンでよい
        'Operation'=>'ItemSearch',
        'SearchIndex'=>'Books',
        'Keywords'=>$keywords,
        'ResponseGroup'=>'Medium',
        'Timestamp'=>gmdate('Y-m-d\TH:i:s\Z'),  // タイムスタンプ
    );

    // パラメータの順番を並び替える
    ksort($params);

    // Secret Access Key
    $secret_access_key="シークレットアクセスキー";

    // リクエストパラメータ
    $req='';
    foreach ($params as $key=>$value) {
      $req.="&" . str_replace('\%7E', '~', rawurlencode($key)) . "=" .
str_replace('\%7E', '~', rawurlencode($value));
    }
    $req=substr($req, 1);

    // 署名
    $burl="http://ecs.amazonaws.jp/onca/xml";
    $purl=parse_url($burl);
    $str2sign="GET\n{$purl['host']}\n{$purl['path']}\n{$req}";
```

```
    $signature=base64_encode(hash_hmac('sha256', $str2sign, $secret_access_key,
true));

    // URL
    $url=$burl . "?" . $req . "&Signature=" . str_replace('\%7E', '~', rawurle
ncode($signature));

    // API の実行と出力
    $res=simplexml_load_string(@file_get_contents($url));
    //print_r($res->Items); // ($res->Items);
  }
?>
<form action="" method="GET">
<p>キーワード：<input type="text" name="keywords" value="
<?php
  echo $keywords;
?>
"/> <input type="submit" value="検索"/>
</form>
</p>
<br>
<p>
<?php
  if ($res) {
    echo "<table border=\"1\">\n";
    echo "<tr><th>タイトル</th><th>出版社</th><th>発行日</th></tr>\n";
    foreach ($res->Items->Item as $item) {
      echo "<tr>\n";
      echo "<td><a href=\"" . $item->DetailPageURL . "\" target=_blank\">" .
$item->ItemAttributes->Title . "</a></td>\n";
      echo "<td>" . $item->ItemAttributes->Publisher . "</td>\n";
      echo "<td>" . $item->ItemAttributes->PublicationDate . "</td>\n";
      echo "</tr>\n";
    }
  }
?>
</body>
</html>
```

Amazon Product Advertising API にはいくつかリクエストパラメータを渡す必要がある．リスト 6.5 のプログラムではそれらは配列 params を利用して指定している．主なパラメータは以下のとおりである．

- Service には 'AWSECommerceService' を指定する．この値は固定されている．
- AWSAccessKeyId には Amazon Product Advertising API に登録すると取得できる Access Key ID を指定する．
- AssociateTag には Amazon アソシエイト（アフィリエイト）プログラムに登録すると取得できる ID である．
- Version には利用する API のバージョンを指定する．最新のバージョンを指定すればよ

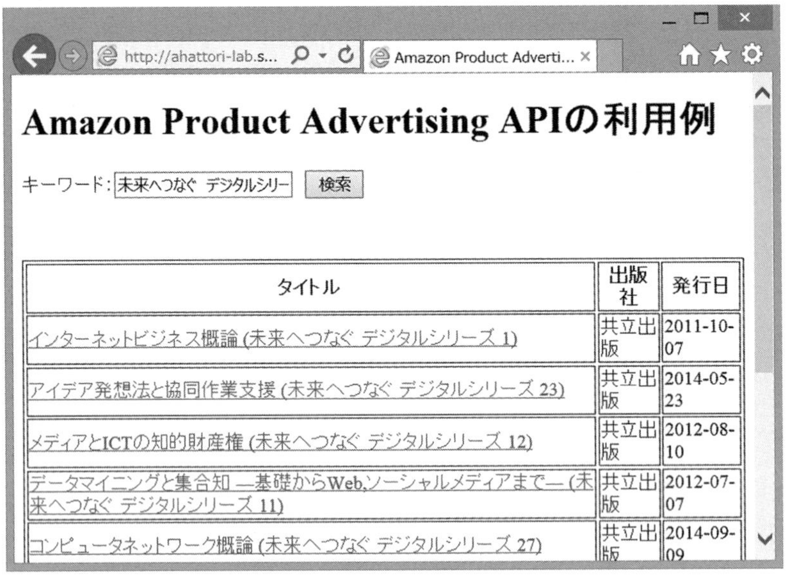

図 **6.3** Amazon Product Advertising API による書籍情報の検索例.

く，本書執筆時点（2015年3月末現在）では '2013-08-01' となっている.

- Operation には API のメソッド名を指定する．商品検索の場合は 'ItemSearch' とする.
- SearchIndex には検索対象商品のカテゴリーを指定する．'Books' や 'DVD' などを指定することができる.
- Keywords は商品検索時のキーワードである．図 6.3 のように複数のキーワードを指定することができる.
- ResponseGroup には API の実行結果にどのような情報を含めるかを指定する．'Small' や 'Medium'，'ItemAttributes' など様々な値を指定可能である.

また，Amazon Product Advertising API ではリクエストの認証を行うために署名が必要であるため，リクエストパラメータに Signature（署名）と Timestamp（タイムスタンプ）が必須となっている．リスト 6.5 では「$signature=base64_encode(hash_hmac('sha256', $str2sign, $secret_access_key, true))」によって署名を作成している．リクエストに書名とタイムスタンプを付与してくれるサービスも Amazon から提供されている [11].

(3) Web アプリケーションの開発事例

図 6.4 は筆者らが開発した Web アプリケーションの実行例である [12]．このアプリケーションでは Google Maps JavaScript API と SIMILE Timeline API という 2 つの API を組み合わせて利用している．SIMILE Timeline API では Web ページに年表を埋め込むことができ，これによって時系列情報をわかりやすく表現することができる．このアプリケーションでは地図と年表が連動しており，どちらかを操作するともう一方も同期して動くようになっている．そのため，地域の植生など地理的な情報の変遷を容易に把握することができる.

図 **6.4** 地図と年表が連動した Web アプリケーション.

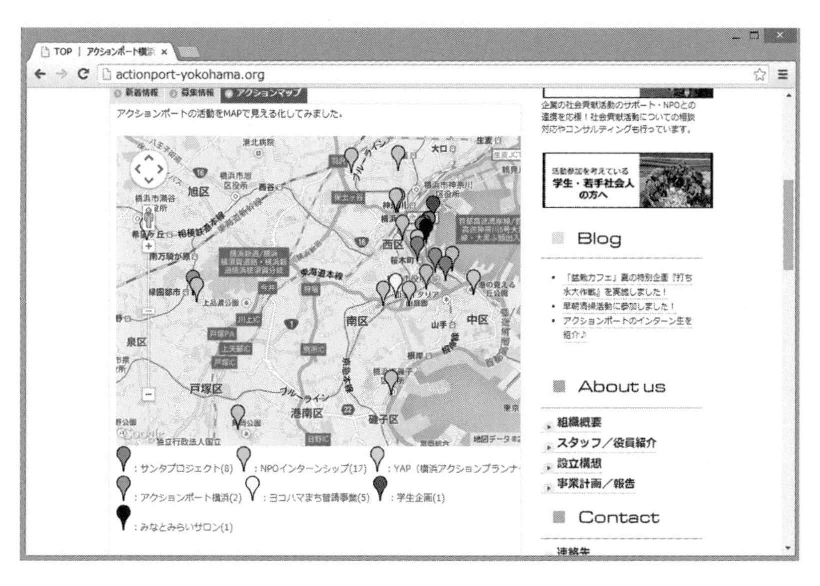

図 **6.5** 横浜市内の NPO の Web サイトにおけるアプリケーション.

また，図 6.5 は筆者が協力している NPO 法人（アクションポート横浜 http://actionport-yokohama.org/）の Web サイトで Google Maps JavaScript API を利用している例である．この NPO 法人は横浜市内で様々な活動を行っており，どこでどのような活動を行ったかをわかりやすく提供するために Google マップの地図を利用している．横浜市の中心部において，様々な活動に取り組んでいる一方，周辺の地域においても活動していることを理解できる．

どちらの事例においても，地図上にマーカーで示される情報は専用の入力フォームを使っており，そこでは住所や施設名から緯度経度情報を求める Web サービスを利用している．

6.3 ソーシャルメディア連携

ソーシャルメディアとは，ブログ，SNS(Social Networking Service)，写真・動画共有サービスなど，利用者自身が情報を発信し，形成していくメディアのことである．利用者同士のつながりを促進するための機能を提供し，その関係を視覚的に把握することができる．これまでにも電子掲示板やチャットなど利用者自身の投稿によって成り立っているサービスは存在していたが，スマートフォンの普及とともに，Twitter や Facebook といった代表的なサービスが急速に普及し，ソーシャルメディアという言葉も定着していった．

ソーシャルメディアでは数多くの利用者が日常的に膨大な数の投稿を行っているように，HTML や CSS のスキルがなくても気軽に情報発信できる．また，若年層のコミュニケーションツールは，メールからソーシャルメディアに移行している [13]．また，Facebook の「いいね！」や Twitter の「リツイート」などのように情報を広げるしくみを備えている．そのため，自身の Web サイトをソーシャルメディアと連携させることによって，サイトの運営者のみならず利用者が情報発信・拡散に参加することができる．また，ソーシャルメディアを通して利用者とのつながりを継続することも可能となる．

ソーシャルメディアを自身の Web サイトと連携させる方法としては，(1) ソーシャルプラグインによってソーシャルメディアの機能を Web ページに埋め込む，(2) ソーシャルメディアのコンテンツをページに表示する，(3) ソーシャルメディアが提供する WebAPI を利用することによってソーシャルメディアと連携した Web アプリケーションを開発する，という 3 つの手法が考えられる．ここでは，これらについて順番に説明する．また，(3) では筆者らが開発したアプリケーションを題材として説明する．

(1) ソーシャルプラグインの利用

ソーシャルプラグインとは，Facebook の「いいね！」ボタンや Twitter の「ツイート」ボタンを Web サイト上に設置するために，各ソーシャルメディアが提供している機能である．Facebook や Twitter などの公式サイトでは，「いいね！」ボタンや「ツイート」ボタンを埋め込みたい Web ページのアドレスや利用したい機能などを入力することによって，Web ページに設置するためのコード（HTML の要素）を生成することができるようになっている．そのコードを Web ページの HTML ファイルにコピー&ペーストするだけで，簡単にソーシャルメディアの機能を Web ページに埋め込むことが可能になる．図 6.6 は Facebook の「いいね！」ボタン用のコードを生成するための画面であり [14]，リスト 6.6 は生成されたコードである．また図 6.7 は，Twitter の「ツイート」ボタン用のコードを生成するための画面であり [15]，リスト 6.7 は生成されたコードである．また，図 6.8 はこれらのコードを埋め込んだ HTML

ファイルを表示した結果である．これらの例の他にも，文章を入力し投稿するためのボックスを埋め込んだり，誰が「いいね！」ボタンをクリックしたがわかるようにアイコン画像を表示したりすることも可能である．ただし，これらの機能が効果を発揮するためには，「いいね！」や「ツイート」したくなるようなコンテンツが Web サイト上で発信されなければならない．

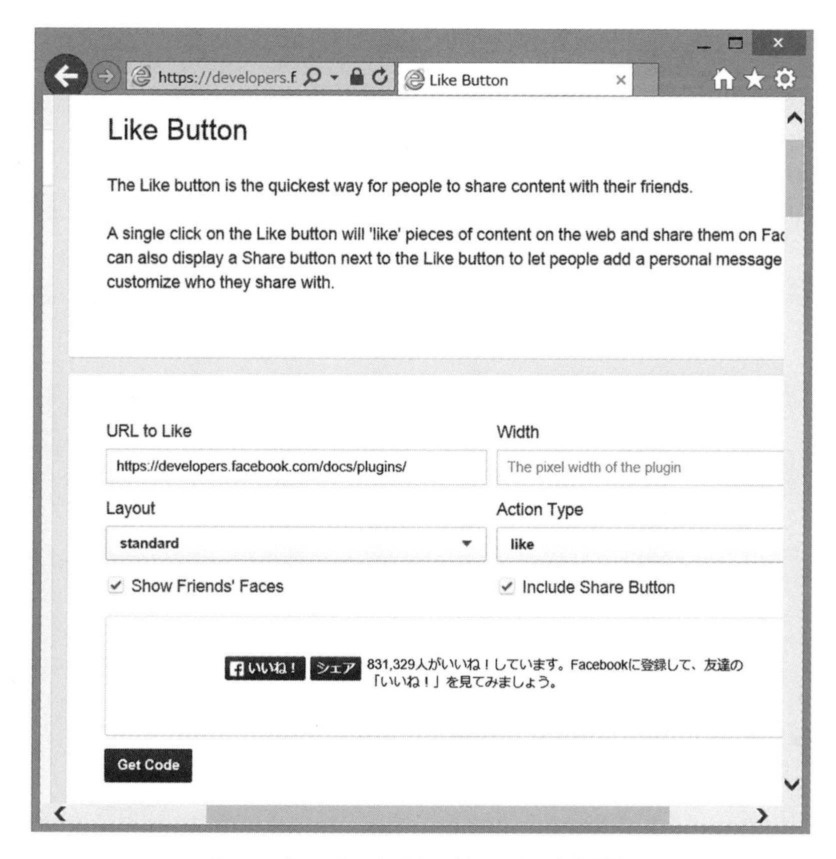

図 **6.6** 「いいね！」ボタン用コードの生成画面．

リスト **6.6** 「いいね！」ボタン用コードの生成例．

```
<div id="fb-root"></div>
<script>(function(d, s, id) {
  var js, fjs = d.getElementsByTagName(s)[0];
  if (d.getElementById(id)) return;
  js = d.createElement(s); js.id = id;
  js.src = "//connect.facebook.net/ja_JP/sdk.js#xfbml=1&version=v2.0";
  fjs.parentNode.insertBefore(js, fjs);
}(document, 'script', 'facebook-jssdk'));</script>

<div class="fb-like" data-href="http://localhost/" data-layout="standard"
data-action="like" data-show-faces="true" data-share="false"></div>
```

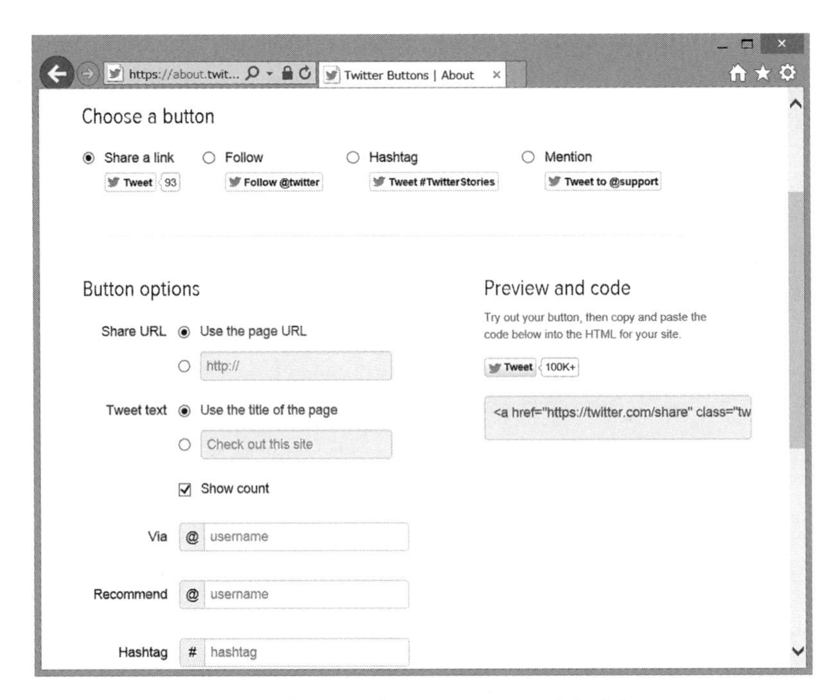

図 **6.7** 「ツイート」ボタン用コードの生成画面.

リスト **6.7** 「ツイート」ボタン用コードの生成例.

```
<a href="https://twitter.com/share" class="twitter-share-button"
data-url="http://localhost/">Tweet</a>
<script>!function(d,s,id){var js,fjs=d.getElementsByTagName(s)[0],p=/^http:/.
test(d.location)?'http':'https';if(!d.getElementById(id)){js=d.createElement(s);
js.id=id;js.src=p+'://platform.twitter.com/widgets.js';fjs.parentNode.
insertBefore(js,fjs);}}(document, 'script', 'twitter-wjs');</script>
```

Facebook や mixi などのソーシャルプラグインを設置する場合，HTML ファイル内で OGP(Open Graph Protocol) を設定することによって，Web ページ上の「いいね！」ボタンなどがクリックされたときに，Facebook などのタイムライン上に Web ページの画像やタイトルが表示されるようにしなければならない．OGP は Web ページに関する情報（タイトルやタイプなど）である．設定方法は HTML の meta タグを利用して，head 要素内で指定する．

たとえば，Web ページのタイトルがタイムラインに表示されるようにするには，「<meta property=”og:title” content=”ページのタイトル” />」のようにする．タイムライン上にページのサムネイル画像が表示されることもあるが，その画像も OGP によって設定する．

(2) ソーシャルメディアのコンテンツの表示

ソーシャルプラグインは自身の Web サイトで発信した情報を利用者によって広げてもらうしくみであり，Web サイト開設者による情報発信そのものは自身のサイト上で行われる．一方，ソーシャルメディアでの投稿を自身の Web サイトに表示させること（6.1.1 項で説明した presentation マッシュアップ）も可能である．たとえば，Facebook の「Like Box」というソー

図 **6.8** ソーシャル・プラグインの利用例.

シャルプラグインによって，Facebook のタイムラインを Web ページに埋め込むためのコードを生成することができる．また，Twitter には「埋め込みタイムライン」というしくみがあり，Twitter のタイムラインを自身の Web サイトに簡単に表示することができる．「埋め込みタイムライン」は Twitter のウィジェット設定から容易に作成することができ，特定のユーザのタイムラインを表示するもの，特定の語句やハッシュタグを含むツイートを表示するもの，お気に入りに登録したアカウントからのツイートを表示するものなどを作成することができる．リスト 6.8 は「Like Box」によって生成されたコードであり，図 6.9 はこのコードを含む HTML ファイルを表示した結果である．また，リスト 6.9 は Twitter のウィジェット設定によって生成されたコードであり，図 6.10 はこれを埋め込んだ HTML ファイルを表示した結果である．

リスト **6.8** 「Like Box」により生成されたコード例.

```
<div id="fb-root"></div>
<script>(function(d, s, id) {
  var js, fjs = d.getElementsByTagName(s)[0];
  if (d.getElementById(id)) return;
  js = d.createElement(s); js.id = id;
  js.src = "//connect.facebook.net/ja_JP/sdk.js#xfbml=1&version=v2.0";
  fjs.parentNode.insertBefore(js, fjs);
}(document, 'script', 'facebook-jssdk'));</script>

<div class="fb-like-box" data-href="https://www.facebook.com/kyoritsu.pub"
data-colorscheme="light" data-show-faces="false" data-header="true" data-
stream="true" data-show-border="true"></div>
```

図 **6.9** Facebook のタイムラインの埋め込み例．

リスト **6.9** 「埋め込みタイムライン」のコード例．

```
<a class="twitter-timeline" href="https://twitter.com/search?q=\%40kyoritsu_pub"
data-widget-id="499456109527056384">@kyoritsu_pub に関するツイート</a>
<script>!function(d,s,id){var js,fjs=d.getElementsByTagName(s)[0],p=/^http:/.
test(d.location)?'http':'https';if(!d.getElementById(id)){js=d.createElement(s);
js.id=id;js.src=p+"://platform.twitter.com/widgets.js";fjs.parentNode.insert
Before(js,fjs);}}(document,"script","twitter-wjs");</script>
```

このようにソーシャルメディアに投稿された情報を Web ページに取り入れることによって，Web ページそのものに更新がなくても，ページそのものを変化に富むものとし，また，新しい情報を伝えることが可能となる．Twitter や Facebook の他にも，Instagram や Flickr といった写真共有サービス，Youtube などの動画共有サービスでも，それらに投稿された写真や動画を自身の Web ページに埋め込むためのコードを生成する機能が提供されているため，容易に Web サイトと連携させることが可能である．それらの詳細については各サービス上の解説を参照されたい．

図 **6.10** Twitter のタイムラインの埋め込み例.

(3) ソーシャルメディアの **WebAPI** の利用

ソーシャルメディアでは，ソーシャルメディアに投稿したり，投稿された情報を取得したりするための WebAPI が提供されていることが多く，その WebAPI を利用することによって，ソーシャルメディアと連携した独自の Web アプリケーションを開発することができる．独自のアプリケーションを開発するには，当然，Web プログラミングのスキルと API の理解が必要であるが，Web アプリケーションに実装したいすべての機能をはじめから開発するよりもソーシャルメディアの WebAPI を利用するほうが効率的に開発できることや，すでに多くの人が利用しているサービスを活用するため導入に対する敷居が低いなどの利点がある．

たとえば，図 6.11 は筆者らが開発したアプリケーションの画面である [16]．このアプリケーションは，特定のハッシュタグと GPS から取得された位置情報を付与して投稿された写真付きのツイートを自動的に収集・蓄積し，それらのツイートを Google マップの地図上に表示する．地図上のマーカーをクリックすることよって，そのツイートの内容が表示せれる．

図 **6.11** ソーシャルメディアの WebAPI を利用した Web アプリケーション例.

演習問題

設問 1 Ajax の特徴を整理せよ.

設問 2 地図とマッシュアップすると便利だと思う情報を考えよ.

設問 3 Google Maps API を利用して，自分が好きな街を紹介する Web ページを作成せよ.

設問 4 自分がよく利用するソーシャルメディアが提供する WebAPI の使い方や仕様，利用例を調べよ.

設問 5 自分がよく利用するソーシャルメディアが提供するソーシャルプラグインの使い方や利用例を調べよ.

参考文献

[1] Uniform Resource Identifier (URI): Generic Syntax, RFC3986 (2005). http://www.ietf.org/rfc/rfc3986.txt

[2] 速水治夫（編著），服部哲，大部由香，加藤智也，松本早野香：Web システムの開発技術と活用方法，共立出版 (2013).

[3] 服部哲，後藤昌人，安田孝美，横井茂樹：地図サービスと CMS の連携による安全情報共有システム，情報処理学会研究報告，2007-GN-63，pp.43-48 (2007).

[4] 高橋登史朗：入門 Ajax 増補改訂版，ソフトバンククリエイティブ (2006).
[5] Jesse James Garrett：Ajax: A New Approach to Web Applications (2005). http://www.adaptivepath.com/ideas/ajax-new-approach-web-applications/
[6] 山田祥寛：JavaScript 本格入門，技術評論社 (2010).
[7] 勝又雅史：Google Maps API プログラミング入門，アスキー・メディアワークス (2010).
[8] Product Advertising API https://affiliate.amazon.co.jp/gp/advertising/api/detail/main.html
[9] 志田仁美：スラスラわかる PHP，翔泳社，(2014).
[10] 藤岡功："ソーシャル"なサイト構築のための WebAPI コーディング，エムディエヌコーポレーション (2011).
[11] Signed Request Helper http://associates-amazon.s3.amazonaws.com/signed-requests/helper/index.htm
[12] 服部哲，速水治夫：市民活動団体の活動の位置情報の発信と収集のための Web システムの構築，社会情報学研究，Vol.15，No.2，pp.11-24 (2011).
[13] 総務省：平成 26 年版　情報通信白書 (2014). http://www.soumu.go.jp/johotsusintokei/whitepaper/h26.html
[14] Facebook Like Button https://developers.facebook.com/docs/plugins/like-button
[15] Twitter Buttons https://about.twitter.com/resources/buttons#tweet
[16] 服部哲：位置情報と社会情報学—地域における位置情報の生産・流通・消費，社会情報学，Vol.1，No.2，pp.11-18 (2012).

第 7 章

制作環境を選ぶ

□ 学習のポイント

本章では，Web サイトを制作するための環境について解説する．Web サイトの制作では企画内容に応じてサーバ環境を整え，制作手法を決定しなければならない．サーバ環境も制作手法も選択肢は多様である．では，どのような環境を選ぶべきなのか．本章は，サーバ環境，制作環境，制作過程管理環境に焦点をあて，それらの選択における基礎知識の獲得をめざす．具体的には，次の項目について理解を深めることを目的とする．

- 企画内容に応じたサーバ環境を知る
- “手書き”から高度な専門ソフトまで多岐にわたる制作環境について理解する
- Web サイト制作のプロジェクトを管理する環境を学ぶ

□ キーワード

サーバスペース，レンタルサーバ，ブログサービス，テキストエディタ，HTML エディタ，オーサリングツール，CMS，プロジェクト管理

7.1 企画内容と制作環境の関係

Web サイトを構成する各ページは，文字，画像，動画，アニメーション，サウンドなど様々なコンテンツから構成される．コンテンツが文字のみであればオペレーティングシステムに付属のテキストエディタで HTML ファイルを編集し，Web サイトを制作することができる．しかしほとんどの場合は文字以外のコンテンツも含まれる．したがって Web サイトを制作する場合，その企画内容に応じて，画像や動画などのファイルを編集するためのソフトウェアが必要になる．画像や動画の編集ソフトには無料のものや市販のものまで存在するが，それらのソフトウェアを使いこなすには，それらの使い方を身につけるだけでなく，画像や動画データの特徴を理解しておくことも重要である．

次に，Web サイトの制作には，HTML ファイルや CSS ファイルなどをアップロードし公開するための Web サーバが必要になる．サイト開設者がインターネットサービスプロバイダと

契約していれば，ほとんどの場合，無料で Web サイトを公開するためのサーバスペースが用意されている（1.1.2 項を参照）．そのため，数枚の Web ページと画像程度の小規模な Web サイトであれば，無料で利用可能なサーバスペースで十分である．しかし，無料のサーバスペースで容量が不足するようであれば，Web サイト制作の予算を検討したうえで，毎月の費用を支払って，追加のスペースを確保しなければならない．

また，無料のサーバスペースでは容量不足であることがはじめから明らかな場合やサーバサイド技術を利用して Web サイトを構築したい場合，予算に合わせてレンタルサーバを利用することになる．その際は，Web サイトを実現するために利用する技術とそれぞれのレンタルサーバが提供する機能を比較・検討し，適切なレンタルサーバを選択しなければならない．もちろん，サイト開設者自身でサーバコンピュータを購入し，Web サーバを立ち上げることも可能であるが，サーバの管理には高度な専門知識やセキュリティ対策，サイト利用者の数に応じたコンピュータのスペックやネットワーク回線が必要になるため，自身でサーバを構築し運用する方法は現実的でない．

サーバサイド技術を利用して Web サイトを実装する場合，その動作確認をパソコンにインストールされたブラウザだけで行うことはできない．なぜなら，図 5.1 に示したように，サーバサイド技術は Web サーバ上で動作するプログラムによって実現されるため，その動作確認には Web サーバが必要になるためである．Web サイトを公開する「本番」環境でテストできれば理想であるが，サーバの容量などを考えると，それを行うことが難しい場合もある．そのため，5.1.3 項で述べた XAMPP などの Web アプリケーション開発環境をパソコンにインストールしてテストを行うのがよい．

その他には，作成した HTML ファイルや CSS ファイルなどをサーバにアップロードするためのソフトウェアも必要となる．一般的には FFFTP [1] や Cyberduck [2] など FTP(File Transfer Protocol) というファイル転送プロトコルに対応したソフトウェア（FTP クライアント）を利用することになるが，後述のオーサリングツールを利用すれば，ファイルのアップロードもツールの機能として提供されている．

ところで，簡単に Web サイトを制作できる環境も存在する．代表的なものは，ココログやアメーバブログなど無料のブログサービスである．これらのサービスでは機能やデザインを自由にカスタマイズできるわけではない．しかし，個人や少人数のグループで日々の活動の様子を毎日発信するなどの目的のサイトであれば，Web サイト全体の背景デザインやトップページの画像の変更程度のカスタマイズと，ほとんど更新の必要がない静的なページはサイト開設者のプロフィール程度であると思わるため，無料のブログサービスを利用することによって，その Web サイトの目的を十分に達成することができる．また，Google サイトように少人数のグループで共同編集しながら Web サイトを制作できる無料の環境も存在する．このようなサービスも無料のブログサービスと同様にサイトのデザインを凝ったものにすることは難しいが，素早く Web サイトを公開したい場合や，HTML や CSS の知識がほとんどなく，Web サイト制作の予算もない場合に利用しやすい環境である．後述するが，WordPress などオープンソースの CMS を利用する場合，ソフトウェアのソースコードや機能を追加するための各種プラグインが公開されているため，機能を拡張したりデザインを変更したりしやすいが，標準の機能やデザインをカスタマイズするためにはそのソフトウェアの基本構造やHTML，CSS，PHPなどのWeb技術についてある程度理解しておく必要がある．

7.2 制作方法の選択肢

Webサイトは複数のWebページから構成されることが一般的であるが，そのWebページの制作方法にはいくつかの選択肢がある．サイトの規模や予算などを考慮して選択していくことになるわけであるが，それらは，(1) テキストエディタを利用する，(2) HTMLエディタを利用する，(3) オーサリングツールを利用する，(4) CMSを利用する，これらの4つである．ここではこれらの方法の概要と特徴を説明する．

(1) テキストエディタを利用する

これまでに説明してきたとおり，HTMLファイルはテキスト形式のファイルとして保存される．したがって，テキスト形式のファイルを扱うことが可能なソフトウェア（テキストエディタ）であればHTMLファイルやCSSファイルを編集することができる．この方法は，いわゆる「手書き」と呼ばれる手法である．また，Webプログラミング言語により記述されるプログラムもテキスト形式のファイルであるため，テキストエディタで編集することができる．

テキストエディタの主な機能は，文字の入力，削除，切り取り，コピー，貼り付け，検索，置換，ファイルの保存などである．テキストエディタの中には，HTMLのタグや属性を色分け表示することができるものも存在するが，テキストエディタはHTMLファイルを編集するために特別な機能を備えているわけではない．そのため，テキストエディタを利用したWebページの制作では，HTMLやCSSファイルをテキストエディタで編集し，その結果をブラウザで確認しながら作業を進めることとなる．

テキストエディタは，Windowsの「メモ帳」，Mac OSの「テキストエディット」，UNIX系オペレーティングシステム(OS)の「vi」や「Emacs」のように，各種オペレーティングシステムのユーティリティソフトとして提供されているため，パソコンさえあればWebサイトを制作することができる．特別なソフトウェアをインストールする必要がないため，テキストエディタを利用する制作方法は，HTMLやCSSについて学ぶときや，後述するHTMLエディタやオーサリングツールによって作成したHTMLファイルに細かい修正を加えるときなどに向いている．

(2) HTMLエディタを利用する

Webページはタグによって記述されるわけであるが，HTMLエディタは，HTMLやCSSの仕様，Webページの構造に従ってHTMLファイルを編集することができるように様々な機能を提供するソフトウェアである．また，大半のHTMLエディタには編集中のHTMLファイルの表示を確認するためのプレビュー機能が備えられているため，テキストエディタを利用する場合のようにHTMLファイルの編集結果をブラウザによって確認する必要はない．ただし，ブラウザによるタグや CSS のプロパティの解釈に違いが存在することもあるため，HTML エディタを利用する場合であっても，実際に Web ページを公開する際は，各種ブラウザで表示確認を行うべきである．

HTML エディタには無料のものから市販のものまで様々なものが存在するわけであるが，ここでは HTML ファイルの作成から保存までの流れに沿って HTML エディタの代表的な機能を紹介する．

まず，HTML エディタを利用してファイルを新規作成すると，文書型宣言や html タグ，head タグ，body タグといった，Web ページの基本構造を形成するタグがあらかじめ入力された状態でファイルが作成される．このようにファイルの新規作成時に入力されるタグはテンプレートやひな形と呼ばれるが，新規作成では HTML のバージョンを指定することも可能であり，HTML エディタはそれぞれのバージョンに応じたテンプレートを備えている．

HTML ファイルの編集では，Web ページの構造（要素の親子関係）を把握しやすいように自動的にインデント（字下げ）が行われる．また，HTML エディタには，タブやアイコンからタグを選択することによって新たに要素を追加したり，終了タグを自動入力したり，タグや CSS のプロパティの入力途中で候補を表示したりする機能が備わっており，これらによりタグの効率的な入力を支援する．また，テーブルやフォームなどの挿入では，ウィザードの指示に従って必要項目を入力することによって table や tr，form などの基本的なタグを HTML ファイルに追加することができるようになっている．

HTML エディタでは画面の表示を，ソース，プレビュー（デザインなどと呼ばれることもある），分割（同時などと呼ばれることもある）と切り替えることができる．ソースは通常の編集画面であり，プレビューは編集中の HTML ファイルをブラウザで表示したときの画面である．分割表示では画面を上下または左右に分割し，ソース画面とプレビュー画面を同時に表示する．また，HTML エディタの中には WYSIWYG(What You See Is What You Get) 型のものも存在する．このタイプのエディタでは，プレビューのような画面上で画像やテーブルをマウスによって操作しながら Web ページを作成することができる．テキストエディタを利用して Web ページを手書きする場合，終了タグを忘れるなどが生じうるが，HTML エディタには HTML の仕様に基づいて文法チェックを行う機能も備わっている．

これら以外にも HTML エディタには HTML ファイルの編集を支援するために様々な機能が備わっているわけであるが，HTML のタグや CSS のプロパティに関する知識がないと，自動的に入力されたり補完されたりしたタグを選択したり編集したりすることができない．したがって，タグについてある程度理解している人であれば，HTML エディタは HTML ファイルを効率的に作成するための有力な選択肢である．

(3) オーサリングツールを利用する

オーサリングツールは，HTML エディタと同じように，Web サイトの制作を支援するためのソフトウェアである．HTML エディタが個々の HTML ファイルの編集に特化したソフトウェアである一方，オーサリングツールはそれだけでなく，個々のファイルを保存するフォルダの管理，Web ページ間リンクの自動更新，FTP によるファイルの自動アップロードなど，Web サイト全体を管理するための機能を備えている．また，HTML エディタよりも視覚的あるいは機能的に高度な Web ページを作成することができる．たとえば，視覚的に高度なナビゲーションメニューなど動きのある Web ページの作成を支援したり，画像編集ソフトと連携して画像を作成したりすることも可能である．また，ソーシャルメディアとの連携機能も備えているため，ブログの内容や Facebook や Twitter のタイムラインを Web ページに埋め込んだり，「いいね！」や「ツイート」ボタンを設置したり，地図や動画を埋め込んだりすることが容易に行える．たとえば，ほとんど更新されないページを HTML と CSS で実装する一方，頻繁に更新されるコンテンツはブログから自動的にページに取り込むというような Web サイトを比較的容易に実現することができるのである．

このように，オーサリングツールは個々の Web ページだけでなく，Web サイト全体を効率的に管理するためのソフトウェアである．そのため，オーサリングツールを利用するには，HTML や CSS の知識だけでなく，サーバに関すること，画像に関すること，ソーシャルメディアに関することなど，Web に関連する様々な知識が要求される．したがって，それらを一通り学んだうえで導入すべきであるが，オーサリングツールを利用することによって Web サイト制作の専門家でなくても本格的な Web サイトを構築することができる．

(4) CMS を利用する

CMS (Content Management System) は Web サイトのコンテンツを管理するためのソフトウェアである．そのコンテンツは，Web ページに含まれる文章や画像だけでなく，Web サイトに共通のメニュー，ヘッダーやフッター，さらにはプラグインと呼ばれる様々な機能も含まれる．CMS には多種多様なタイプが存在する．たとえば，XOOPS [3] や Joomla! [4] など一般的なものから Moodle [5] など教育向けのものまで幅広い．また，WordPress [6] や Movable Type [7] などのブログや Wiki も CMS の一種である．

CMS では Web サイトのコンテンツを，ブラウザを介して管理する．たとえば，Web ページに含まれる文章や画像を専用のフォームに入力することによって，Web ページを作成することができる．また，その公開のタイミングを設定することもできる．また，サイト全体のデザインや視覚的に特殊な機能，カレンダーや画像ギャラリーなどもブラウザ上で管理するようになっている．CMS は，サイト開設者や管理者によって入力・設定されたコンテンツを管理し，サイト利用者からの要求に応じて動的に Web ページを生成する．したがって，HTML や CSS の知識がなくても，Web ページを作成することが可能であるが，HTML や CSS ファイルを直接編集することが必要な場合もある（その編集もブラウザ上で可能ではある）．そのため，HTML に関してある程度の知識は不可欠である．

HTML エディタやオーサリングツールはそれらを利用する人のパソコンにインストールされるソフトウェアであるが，CMS は Web サーバにインストールされるソフトウェアである．CMS は Web アプリケーションとして動作するため，CMS をインストールするには Web プログラミング言語によって作成されたプログラムが動作する環境と，ほとんどの場合，データベースが必要とされる．したがって，CMS を利用するにはサーバサイドの知識が要求されるため，CMS のアップデートの適用も含めて，Web サイトの管理・運営体制をしっかりと構築する必要がある．

7.3 制作管理の手法

Web サイト制作の一般的なフローは大きく，設計，実装，運営の 3 つのプロセスを経る [8]．本書の構成もこのフローに沿ったものとなっており，各プロセスの詳細はそれぞれの章を参照されたい．

Web サイトの設計では，まず，サイト開設者の要望を確認する．そして，誰に何をどのように伝え，どのような効果を期待するのかを考え，Web サイトの目的を明確化する．この作業はコンセプトメイキングと呼ばれる．Web サイトのコンセプトが明確になったら，そのコンセプトに従って，必要な情報を幅広く集め，その中から Web サイトに掲載する情報を分類・整理する．情報の種類で分類するだけでなく，その情報の更新頻度なども整理しておく．そして，分類・整理した情報から Web サイトの全体構造を組み立てる．言い換えれば，Web サイト内のページ間の遷移図を作成することである．また，個々のページのワイヤーフレーム—ページ内で「どこに」,「何を」配置するのかをまとめたもの—を作成したり，必要に応じて Web ページのモックアップ—Web ページの外観を示すための画像やイラスト—を作成したりして，サイト開設者と制作者との間で意識をすり合わせておく．

Web サイトの実装では，デザイナ，コーダ，プログラマなどがそれぞれの役割を果たし，Web ページのレイアウトやグラフィックスの作成，HTML や CSS のコーディング，クライアントサイドやサーバサイドのプログラミングなどを行う．全ページのコーディングが完了したら，関係者のみに限定して Web サイトを公開し，問題点を洗い出し，適宜修正していく．

Web サイトを誰もがアクセスできるように公開した後は，定期的にコンテンツを更新し，情報の鮮度を保つ必要がある．また，Web サーバに記録されるアクセスログやアクセス解析サービスを利用して，Web サイトの評価を行い，必要に応じて Web ページのレイアウトやナビゲーションを改善する．

Web サイトの規模や内容，予算，マンパワーにより差異はあるが，一般的に，Web サイトの制作プロジェクトは上記のような流れで進んでいく．そして，Web サイト制作プロジェクトを円滑に進めるためには，作業内容の明確化や進捗管理，メンバーの配置など，プロジェクト管理が重要になる．

Web サイト制作の全体を管理するマネージャ，デザインを担当するデザイナ，コーディングとプログラムを兼任するプログラマといった数名のプロジェクトであれば，たとえ作業する場所が複数の拠点に別れていたとしても，電子メールやストレージ系サービス（Google ドライブや Dropbox など）を利用して必要なファイルや進捗状況などを共有すれば十分である．しかし，Web サイト制作プロジェクトの規模が大きくなると，情報共有や進捗管理などを的確に行うことが困難になり，また，プロジェクトに途中から参加するメンバーも存在しうる．したがって，プロジェクト管理を的確に行うことが必要不可欠であるが，そのためのツールとして，プロジェクト管理ソフトウェアを利用することができる．プロジェクト管理ソフトウェアには様々なものが存在するが，最近ではオープンソースソフトウェアの「Redmine」[9] や ASP(Application Service Provider) 型の「Backlog」[10] など Web アプリケーションとして開発されたものも多い．それらのソフトウェアでは，作業の進捗を視覚的に把握可能なガントチャートの利用，ファイルのバージョン管理，ファイルやドキュメントの共有など，プロジェクト管理を効率的に行うための様々な機能が提供されている．

演習問題

設問1 レンタルサーバを3つ選び，それらのプラン，機能，価格を比較せよ．

設問2 無料の HTML エディタを1つ選び，その機能を整理せよ．

設問3 可能であれば演習問題2で選んだ HTML エディタをパソコンにインストールして使用し，オペレーティングシステムのユーティリティとして提供されているテキストエディタを利用して HTML ファイルを編集する場合と比較せよ．

設問4 無料の，あるいはオープンソースのプロジェクト管理ツールを1つ選び，その機能を整理せよ．

設問5 本書のこれまでの章を読んで考えた Web サイトの企画に従って，Web サイトの制作環境（サーバ，エディタ，FTP ソフト，プロジェクト管理ツール）を考案せよ．

参考文献

[1] FFFTP http://sourceforge.jp/projects/ffftp/
[2] Cyberduck http://cyberduck.softonic.jp/
[3] XOOPS http://www.xoops.org/
[4] Joomla! http://www.joomla.org/
[5] Moodle https://moodle.org/
[6] WordPress https://wordpress.org/
[7] Movable Type http://www.movabletype.jp/
[8] 画像情報教育振興協会（CG-ARTS 協会）：入門 Web デザイン，CG-ARTS 協会 (2006).
[9] Redmine http://www.redmine.org/
[10] Backlog http://www.backlog.jp/

第8章 HTML5を書く

□ 学習のポイント

ここまで，Webサイトの企画，ユーザビリティやアクセシビリティを考えたデザイン，クライアントサイド・サーバサイド技術などについて学んできた．

企画したWebサイトの実現には，HTMLとCSSの役割とその記述方法を知ることが基礎となる．HTMLはコンテンツの記述，CSSはその表示方法を指定するものである．これらはWebサイト企画段階のページ構成，ユーザビリティやアクセシビリティを含めたデザイン構築にも役立つ．

本章ではHTML5を用いたコンテンツの記述方法を解説する．具体的には，次の項目について理解を深めることを目的とする．

- HTML5の基本書式を学ぶ．
- HTML5の具体的な要素とその記述方法を学ぶ．
- HTML5を使って小規模なWebサイト制作ができるようになる．

□ キーワード

HTML5，コンテンツ・モデル，メタデータ・コンテンツ (Metadata content)，ヘッディング・コンテンツ (Heading content)，フロー・コンテンツ (Flow content)，セクショニング・コンテンツ (Sectioning content)，フレージング・コンテンツ (Phrasing content)，エンベッディッド・コンテンツ (Embedded content)，インタラクティブ・コンテンツ (Interactive content)，グローバル属性

8.1 HTMLの役割

Webサイトは複数のWebページから構成される．任意のURLにWebブラウザでアクセスして表示される画面がWebページである．Webページは主にHTMLファイル，CSSファイルで記述されている．加えて，画像ファイル，ビデオファイル，Webページ内の要素の動きを記述するJavaScriptファイル，SWFファイルなどからWebページが構成される．

HTMLはWebページのコンテンツにタグと呼ばれる印をつけ，コンテンツの構成を示したテキストファイルである．タグはあらかじめパターンが決められており，そのルールに則りHTMLファイルを記述する．

HTML の役割は，Web ページの構成要素が何であるか，構成要素の意味を示すことである．また，構成要素の関係を示す役割もある．HTML のタグ付けを正しく行うことにより，HTML がデータとしての意味を持つことができる．これにより，たとえば音声読み上げソフトに見出しのみを読み上げさせたり，表示デバイスの性能に合わせたコンテンツの表示方法を変更したりすることが可能となる．

8.2 HTML の基本書式

HTML の基本書式を図 8.1 に示す．

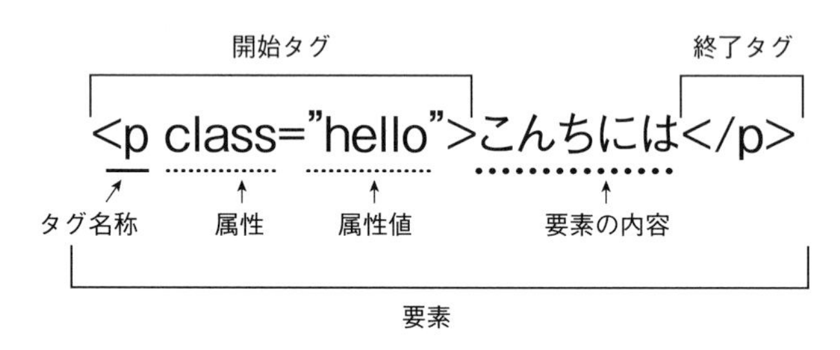

図 8.1 HTML の基本書式．

図 8.1 に示した全体を HTML の 1 つの「要素」と呼ぶ．要素は「要素の内容」を「開始タグ」と「終了タグ」で挟む書式で記述する．開始タグと終了タグの中にあるのは「タグ名称」で，要素名が使われる．ここでは段落を示す p 要素が使われている．開始タグの中には，「属性」と「属性値」を記述することができる．属性はタグに付加的な情報を追加するもので必須ではない．属性値は必ず属性とセットで使用され，ダブルクォート（”）で囲む．属性と属性値はそれぞれ複数付加できる．

HTML では要素の中に要素を記述できる．図 8.2 に親子の関係の例，図 8.3 に兄弟の関係の

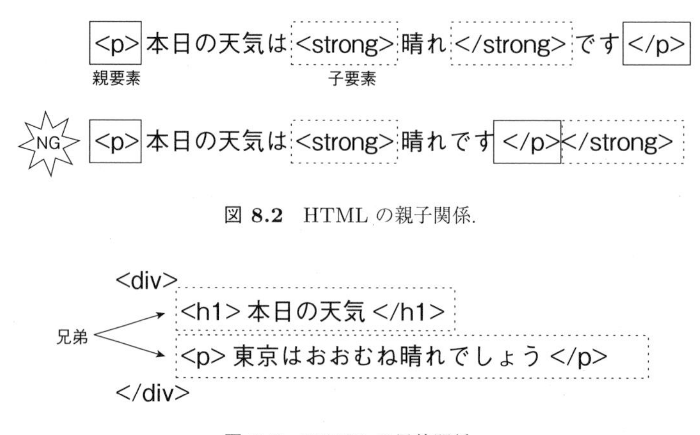

図 8.2 HTML の親子関係．

図 8.3 HTML の兄弟関係．

例を示す．図 8.2 の NG の例のように親要素の終了タグを子要素の終了タグの前に書くことは許されていない．兄弟の関係についても同様である．

〈HTML のコメントの書き方〉

複雑な構造の HTML 文書を記述する際，開始タグと終了タグの対応を示したり，ある範囲が示す文章の意味をメモしたり，将来の修正に備えたメモを残したりすることがある．この際，コメント機能を利用する．コメントは <!–と–> で囲って記述する（図 8.4）．コメント部分はブラウザでは表示されない．

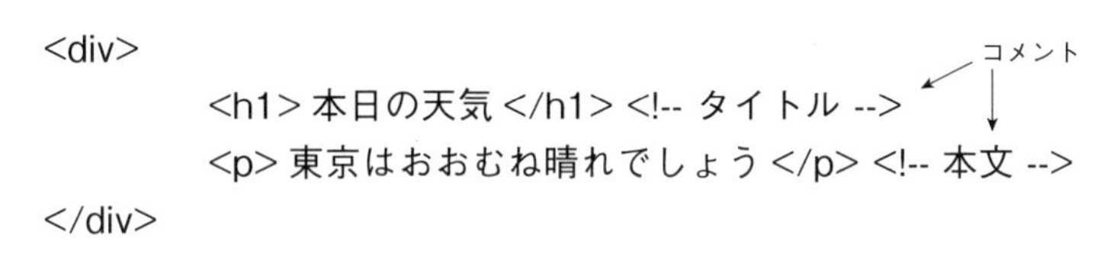

<div>
<h1> 本日の天気 </h1> <!-- タイトル -->
<p> 東京はおおむね晴れでしょう </p> <!-- 本文 -->
</div>
コメント

図 **8.4** HTML のコメント．

8.3 HTML5 の要素

8.3.1 Web ページの全体構造

Web ページ全体の枠組みとなるタグ構造を図 8.5 に示す．1 行目の「<!DOCTYPE html>」は，文書型宣言と呼ばれ，文書の型（HTML5 であること）を宣言する．文書型宣言の次に，

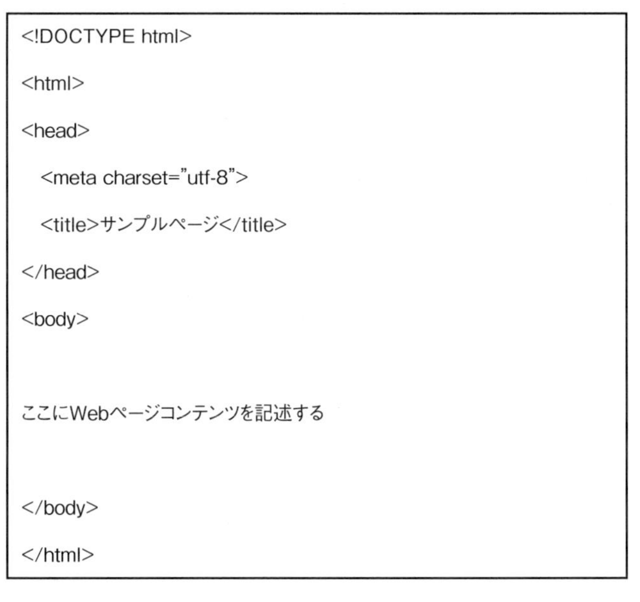

図 **8.5** Web ページの枠組みとなるタグ構造．

html 要素が続き，これ以外の要素はすべて html 要素の中に記述する．そのため html 要素はルート要素とも呼ばれる．

html 要素の中には head 要素と body 要素をこの順に記述する．head 要素は，Web ページに関する情報を記述する．body 要素は Web ページのコンテンツを記述する．ブラウザに表示される Web ページのコンテンツはすべて body 要素内に記述されたものである．

head 要素の内部には title 要素，meta 要素が含まれる．title 要素は Web ページのタイトルを示す．title 要素で記述したタイトルはブラウザのタイトルバーに表示される（図 8.6）．title 要素は head 要素の中に必ず 1 つだけ記述する必要がある．meta 要素は Web ページに関する様々な情報を記述する．meta 要素は，内容ではなく属性値で情報を記述する．そのため，常に要素内容がなく，終了タグもない．図 8.5 の meta 要素では，この HTML ファイルは文字コードが utf-8 で記述されていることを示している． meta 要素で指定できる属性を表 8.1，meta 要素の記述例を図 8.7 に示す．

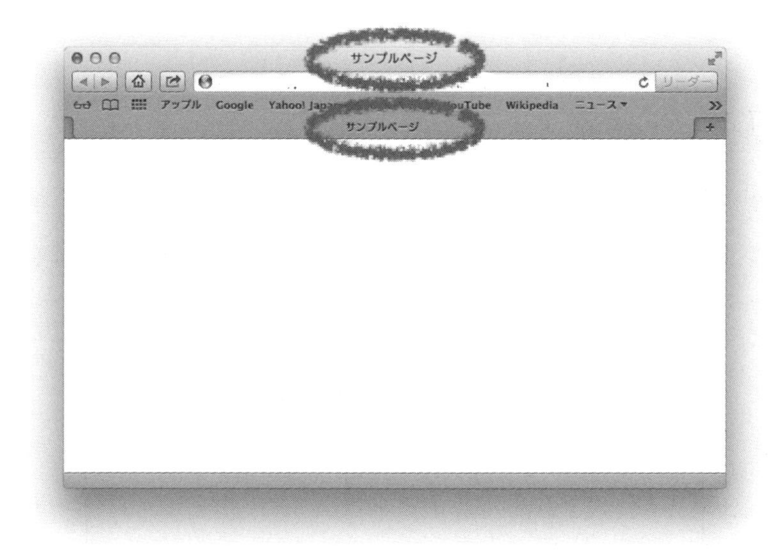

図 **8.6** title 要素の記述はタイトルバーに表示．

表 **8.1** meta 要素で指定できる属性．

属性	内容
charset 属性	文字コードを示す
name 属性，http-equiv 属性	情報の種類を示す
content 属性	name 属性，http-equiv 属性の具体的な内容を示す

```
<meta charset="utf-8">
<meta name="description" content="サンプルページです">
<meta http-equiv="Content-Language" content="ja">
```

図 **8.7** meta 要素の記述例.

8.3.2 HTML5 の要素

(1) HTML5 の要素の分類

HTML5 の要素は主に下記のカテゴリに分類することができる（図 8.8）.

・メタデータ・コンテンツ (Metadata content)
・ヘッディング・コンテンツ (Heading content)
・フロー・コンテンツ (Flow content)
・セクショニング・コンテンツ (Sectioning content)
・フレージング・コンテンツ (Phrasing content)
・エンベッディッド・コンテンツ (Embedded content)
・インタラクティブ・コンテンツ (Interactive content)

このカテゴリは「どの要素をどこに配置できるか」,「どの要素にはどの要素を入れられるか」という情報を示す際に使用する．これをコンテンツ・モデルと呼ぶ．各要素は複数のカテゴリに属することもある．本書では，いずれか 1 つのカテゴリにのみに記載し解説する．

HTML5 には約 100 種類の要素がある．本書では頻繁に利用される要素のみを取り上げる．

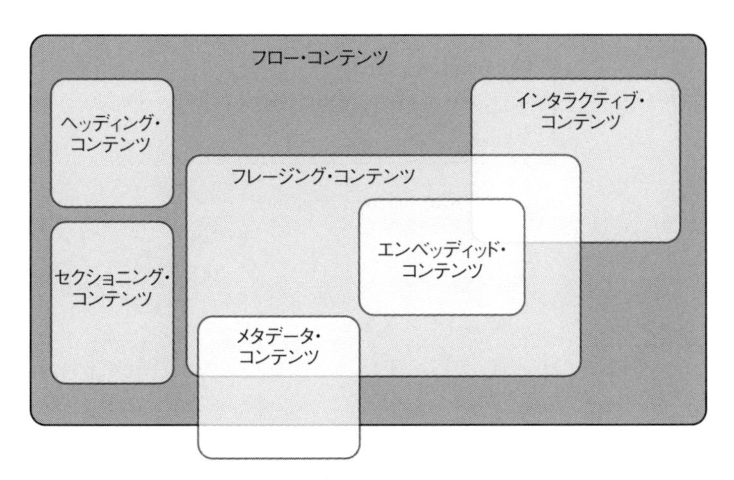

図 **8.8** HTML5 のカテゴリ.

(2) メタデータ・コンテンツ

HTML ファイルの情報や他の文書（例：CSS ファイル）との関係を定義するための要素で

ある．<head>〜</head> の中に記述される．8.3.1 項で解説した title 要素，meta 要素に加え，script 要素，link 要素などがメタデータ・コンテンツに含まれる．script 要素は，HTML ファイルに JavaScript を記述する際に用いる．link 要素は，HTML ファイルをスタイルシート，スクリプトなどと結びつける．スタイルシートの参照に link 要素を用いる方法は，第 9 章で解説する．

(3) ヘッディング・コンテンツ

ヘッディング・コンテンツは見出しとなる要素を示す．このカテゴリに含まれる要素を表 8.2 に示す．

表 8.2 ヘッディング・コンテンツに属する要素．

要素名	意味
h1〜h6	見出し（h1 が大見出し，数が大きくなるほど下の階層）
hgroup	見出しのグループ化

h1〜h6 は見出しを示す要素である．h1 が最上位階層の見出し，h2，h3 と順に数が大きくなるほど下の階層の見出しを意味する．

hgroup は h1〜h6 の見出しをグループ化するために用いる．たとえば，1 つの見出しを主題と副題に分け，それぞれ h1 要素と h2 要素で記述し，2 つの要素を hgroup 要素でグループ化することで全体を大きな見出しと意味付けることができる（図 8.9）．

```
<hgroup>
  <h1>Web制作</h1>
  <h2>HTMLとCSSの基本</h2>
</hgroup>
```

図 8.9 hgroup の記述例．

(4) フロー・コンテンツ

フロー・コンテンツには，HTML 文書で使われるほとんどの要素が含まれる．body 要素内に記述するほとんどの要素が属するが，ここではその一部を表 8.3，表 8.4 に示す．

表 8.3 フロー・コンテンツに属する要素 (1)．

要素名	意味
p	段落
blockquote	引用文
pre	整形済みテキスト
div	要素のグループ化

p 要素は，この要素で囲まれた範囲が 1 つの段落であることを示す．p 要素の内容として入れられる要素はフレージング・コンテンツのみである．

blockquote 要素は，この要素で囲まれた範囲が引用文であることを示す．cite 属性を指定し，引用先の URL を記述することができる（図 8.10）．

表 8.4 フロー・コンテンツに属する要素 (2).

要素名	意味
header	ヘッダ
footer	フッタ
address	問い合わせ先

```
<blockquote cite="http://example.com/about.html">
  <p> ～引用文～ </p>
</blockquote>
```

図 8.10 blockquote 要素の記述例.

pre 要素は，内容が整形済みテキストであることを示す要素である．一般的なブラウザでは半角スペースや改行などが入力した状態のまま等幅のフォントで表示される．ソースコードを表示させる場合などに多く使用される．

div 要素は，フロー・コンテンツに属する複数の要素をグループ化する際に用いる．

header 要素は，ページ上部のロゴ画像，検索フォーム，目次などを含む範囲に対して使用する（図 8.11）．footer 要素は，ページ下部の Copyright などを含む範囲に対して使用する．address 要素は，主に問い合わせ先を記述する際に使用する（図 8.12）．

```
<header>
  <hgroup>
    <h1><img src="img/HTML5_Logo.jpg" width="300" height="250"></h1>
    <h2>サンプルページ</h2>
  </hgroup>
</header>
```

図 8.11 header 要素の記述例.

〈リスト関連の要素〉

表 8.5 にリスト関連の要素を示す．リストには箇条書きリストには ul 要素，番号付きのリストには ol 要素を使用する．これらはフロー・コンテンツのカテゴリに分類される．ul 要素と ol 要素はリストの範囲全体を示す要素であり，具体的なリストの項目には li 要素を使用する．

```
<footer>
  <address>
    お問い合わせ先:<a href="mailto:info@example.jp">山田</a>
  </address>
  <p><small>&copy; copyright 2013 Example.</small></p>
</footer>
```

お問い合わせ先：山田

© copyright 2013 Example.

図 **8.12** footer 要素と address 要素の記述例とブラウザでの表示.

li 要素は ul 要素，ol 要素の内部にのみ記述できる要素であり，どのカテゴリにも属さない要素である．図 8.13 と図 8.14 に ul 要素と ol 要素の記述例をそれぞれ示す．

表 **8.5** リスト関連の要素.

要素名	意味	要素のカテゴリ
ul	箇条書きタイプのリスト	フロー・コンテンツ
ol	番号付きタイプのリスト	フロー・コンテンツ
li	リスト内の 1 項目	なし

```
<ul>
  <li>番号のついていないタイプの項目1</li>
  <li>番号のついていないタイプの項目2</li>
  <li>番号のついていないタイプの項目3</li>
</ul>
```

- 番号のついていないタイプの項目 1
- 番号のついていないタイプの項目 2
- 番号のついていないタイプの項目 3

図 **8.13** ul 要素の記述例とブラウザでの表示.

```
<ol>
  <li>番号のついているタイプの項目1</li>
  <li>番号のついているタイプの項目2</li>
  <li>番号のついているタイプの項目3</li>
</ol>
```

1. 番号のついているタイプの項目 1
2. 番号のついているタイプの項目 2
3. 番号のついているタイプの項目 3

図 **8.14** ol 要素の記述例とブラウザでの表示.

〈テーブル関連の要素〉

ここではテーブル（表）のための要素を解説する．テーブルに使用する要素を表 8.6 に示す．

表 8.6 テーブル関連の要素.

要素名	意味	要素のカテゴリ
table	テーブル全体を示す	フロー・コンテンツ
th	縦列または横列の見出し	なし
td	データ	セクショニング・ルート※
tr	横 1 列をグループ化	なし
thead	テーブルのヘッダー部分	なし
tbody	テーブルのボディ部分	なし
tfoot	テーブルのフッター部分	なし
caption	テーブルのキャプション	なし

※セクショニング・ルート：自身の中に独立したセクションを持つことができる要素.

〈テーブルの基本構造〉

table 要素はテーブル全体を示し，この要素のみがフロー・コンテンツに分類される．テーブルのデータは td 要素，縦列と横列の見出しは th 要素で記述し，それら横 1 列は tr 要素でグループ化する．テーブルの概要図を図 8.15 に，これを具体的に記述した例とそのブラウザでの表示を図 8.16 に示す．

図 8.16 の例では table 要素に border 属性を指定している．border 属性はテーブルの罫線を表示する属性で，この属性を指定しない場合テーブルに罫線は表示されない．ただし，第 9 章で解説する CSS で指定すれば罫線は表示される．

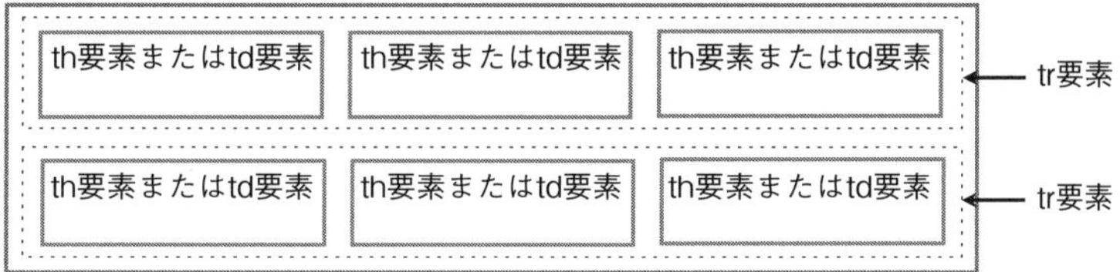

図 8.15 テーブルを構成する要素.

```
<table border="1">
        <tr><th>見出し1</th><th>見出し2</th><th>見出し3</th></tr>
        <tr><th>見出し4</th><td>データ1</td><td>データ2</td></tr>
        <tr><th>見出し5</th><td>データ3</td><td>データ4</td></tr>
</table>
```

見出し 1	見出し 2	見出し 3
見出し 4	データ 1	データ 2
見出し 5	データ 3	データ 4

図 8.16 テーブル要素の記述例とブラウザでの表示.

〈セルを横方向・縦方向に連結する〉

th 要素，td 要素には colspan 属性，rowspan 属性を指定できる．colspan 属性は，属性指定したセルから右方向に連結させるセルの数を示す．rowspan 属性は，属性指定したセルから下方向に連結させるセルの数を示す．

図 8.17 はセルを横方向に連結した例である．1 行目の 3 つのセルを 1 つに連結している．3 つのセルを連結するために 1 行目の 1 つ目のセルに「colspan="3"」を指定し，残り 2 つのセルは記述しない．

```
<table border="1" >
        <tr><th colspan="3" >セル1</th></tr>
        <tr><td>セル4</td><td>セル5</td><td>セル6</td></tr>
</table>
```

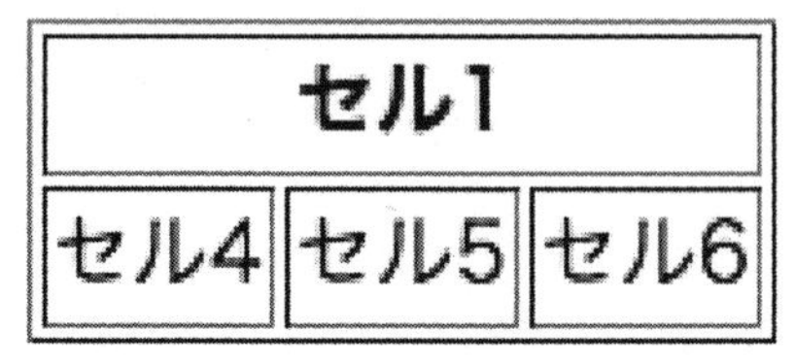

図 8.17　セルを横方向に連結する記述例とブラウザでの表示.

図 8.18 はセルを縦方向に連結した例である．テーブルの左から 3 つ目のセルを縦に連結している．この場合，1 行目の 3 つ目のセルに「rowspan="2"」を指定し，2 行目の 3 つ目のセルは記述しない．

```
<table border="1">
      <tr><th>セル1</th><th>セル2</th><th rowspan="2">セル3</th></tr>
      <tr><td>セル4</td><td>セル5</td></tr>
</table>
```

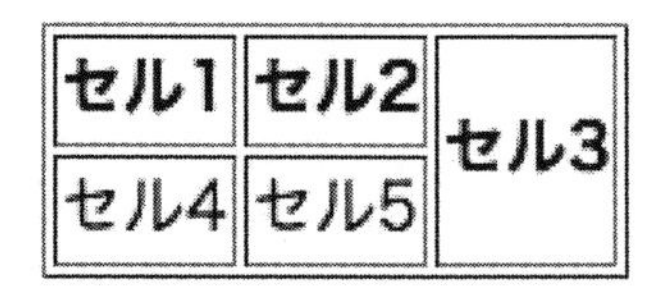

図 8.18　セルを縦方向に連結する記述例とブラウザでの表示.

〈セルを横にグループ化する〉

thead 要素，tbody 要素，tfoot 要素を使用すれば，tr 要素をテーブル内のヘッダ部分，ボディ部分，フッタ部分にグループ化することができる．tbody 要素は複数記述が可能である．また，HTML5 では，tfoot 要素の配置位置はテーブルのどの部分でもよいことになっている．

tfoot 要素を tbody 要素の前に記述しても，ブラウザではフッタ部分はテーブルの最後に表示される．

thead 要素，tbody 要素，tfoot 要素を記述することにより，テーブルの行の意味的なまとまりを示すことができる．これにより，CSS を使用する際に細やかな表示指定が可能となる．

図 8.19 にセルを横にグループ化した記述例を示す．図 8.20 はブラウザでの表示である．

```
<table border="1">
    <thead>
        <tr><th>ヘッダ1</th><th>ヘッダ2</th><th>ヘッダ3</th></tr>
    </thead>
    <tfoot>
        <tr><td>フッタ1</td><td>フッタ2</td><td>フッタ3</td></tr>
    </tfoot>
    <tbody>
        <tr><td>セル1</td><td>セル2</td><td>セル3</td></tr>
        <tr><td>セル4</td><td>セル5</td><td>セル6</td></tr>
    </tbody>
</table>
```

図 **8.19** thead 要素，tbody 要素，tfoot 要素でセルをグループ化．

ヘッダ1	ヘッダ2	ヘッダ3
セル1	セル2	セル3
セル4	セル5	セル6
フッタ1	フッタ2	フッタ3

図 **8.20** セルを横にグループ化 ブラウザでの表示．

〈テーブルにキャプションをつける〉

caption 要素を使用し，テーブルにキャプション（タイトル）をつけることができる．caption 要素は table 要素の開始タグの直後に 1 つだけ記述する．caption 要素の例を図 8.21 に示す．

(5) セクショニング・コンテンツ

セクショニング・コンテンツは，見出しとその内容を示す範囲をまとめる役割を持つ．文書全体をセクションに区切ることで，その階層構造が明確になる．

セクショニング・コンテンツの要素は表 8.7 に示す 4 つである．

```
<table border="1">
        <caption>テーブル1</caption>
        <tr><th>セル1</th><th>セル2</th><th>セル3</th></tr>
        <tr><td>セル4</td><td>セル5</td><td>セル6</td></tr>
</table>
```

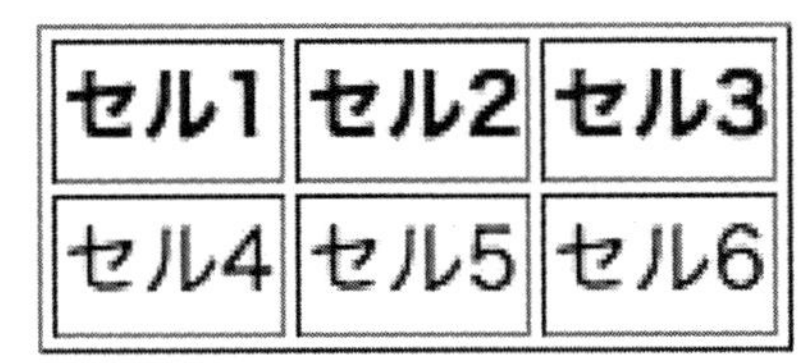

図 **8.21** テーブルにキャプションをつける記述例とブラウザでの表示.

表 **8.7** セクショニング・コンテンツに属する要素.

要素名	意味
article	内容がそれだけで完結しているセクション 新聞や雑誌などの記事，ブログ記事，ブログコメントなどに使う
aside	主にコンテンツには含まれないセクション 補足記事，広告などに使われる
nav	主要なナビゲーションのセクション グローバル・ナビゲーションに使う
section	セクション 章・節・項であることを示す要素

(6) フレージング・コンテンツ

フレージング・コンテンツには，段落などの中に含まれる文節・語句などの要素が属する（表 8.8）.

表 **8.8** フレージング・コンテンツに属する要素.

要素名	意味
br	改行
em	強調部分
strong	重要部分
q	引用文
cite	作品名
code	ソースコード
small	一般に小さな文字で掲載される部分
span	範囲の定義

br 要素は改行を示す．HTML ソースコードの中で改行を入れても，ブラウザでは半角スペースに置き換えられ，改行表示されない．ブラウザ表示で改行させたい位置に br 要素を配置する.

em 要素は，その部分が強調されていることを示す要素である．一般的なブラウザでは斜体で表示される．strong 要素は，その部分が重要であることを示す要素である．一般的なブラウザでは太字で表示される（図 8.22）．ここでは，表示の違いではなく，「強調」と「重要」の意味の違いについて理解することが大切である．

```
<em>強調</em>と<strong>重要なこと</strong>
```

*強調*と**重要なこと**

図 **8.22** em 要素と strong 要素の記述例とブラウザでの表示．

q 要素は，その部分が引用文であることを示す．引用元を示す cite 属性を指定できる（図 8.23）．このとき「」や" "などの引用符は含めずに記述する（CSS を使って表示させるため）．

cite 要素は，引用文として触れた作品のタイトルを示す．人名に対しては使用できない．

```
<p>
HTMLは<q>正しく適切にタグが付けられていれば、一般的なブラウザと
はまったく異なる環境でも利用できる万能データになるということです。
</q>
<cite>よくわかるHTML5+CSSの教科書</cite>より
</p>
```

HTMLは"正しく適切にタグが付けられていれば、一般的なブラウザとは
まったく異なる環境でも利用できる万能データになるということです。"
*よくわかるHTML5+CSSの教科書*より

図 **8.23** q 要素と cite 要素の記述例とブラウザでの表示．

code 要素は，その部分がソースコードであることを示す要素である．ソースコード中の改行やインデントなどをそのまま表示させたい場合は，フロー・コンテンツに属する pre 要素の内部で使用する．code 要素の例を図 8.24 に示す．

small 要素は，一般に小さな文字で掲載される部分であることを示す．著作権表示，注意書き，免責事項などを掲載する際に使用する（図 8.25）．

span 要素は，その範囲がフレージング・コンテンツに属する要素であることを示す．

```
下記はソースコードの例です。
<pre>
  <code>body {
     background-image: url(photo.jpg);
     background-repeat: repeat;
  }</code>
</pre>
```

下記はソースコードの例です。

```
body {
     background-image: url(photo.jpg);
     background-repeat: repeat;
}
```

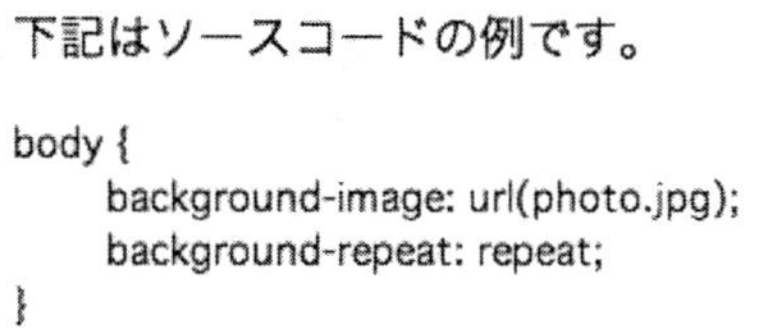

図 **8.24** code 要素の記述例とブラウザでの表示.

```
<p>
<small>Copyright &copy; 2013 Tokyo inc. All right reserved.</small>
</p>
```

Copyright © 2013 Tokyo inc. All right reserved.

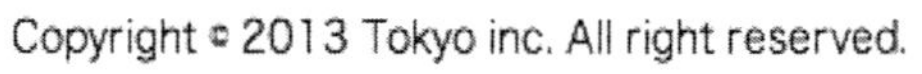

図 **8.25** small 要素の記述例とブラウザでの表示.

(7) エンベッディッド・コンテンツ

エンベッディッド・コンテンツは，ドキュメントに外部リソースを組み込むために使用する．具体的には，画像，音声，ビデオ，他のHTMLなどを組み込む．表8.9には3つの要素のみ示した．

表 8.9 エンベッディッド・コンテンツに属する要素.

要素名	意味
img	画像を組み込むための要素
video	動画を組み込むための要素
audio	音声を組み込むための要素

表8.9に示した各要素は，指定される属性によってはインタラクティブ・コンテンツに属する．具体的には，img要素はusermap属性を持つ場合，インタラクティブ・コンテンツに属する．video要素とaudio要素はcontrols属性を持つ場合，インタラクティブ・コンテンツに属する．

図 8.26 に示した例では，2 行目の video 要素に controls 属性が指定されているため，インタラクティブ・コンテンツであると判断することができる．

```
<img src="logo.jpg" alt="サンプルロゴ" width="250" height="200">
<video src="sample.mp4" controls>
<audio src="sample.mp3">
```

図 8.26 img 要素，video 要素，audio 要素の記述例．

(8) インタラクティブ・コンテンツ

インタラクティブ・コンテンツは，ユーザの操作に対応したコンテンツである．具体的には，リンクやフォーム系の要素，動画や音声を埋め込む要素で操作パネルがついている状態など，クリックやキーボード操作で変化するコンテンツがある．ここでは表 8.10 に示すリンクのみについて解説する．

表 8.10 インタラクティブ・コンテンツに属する要素．

要素名	意味
a	リンク

a 要素はリンクを作成するための要素である．図 8.27 に示すように，リンク先の URL を href 属性で指定する．href 属性で指定する URL の最後に「#」を付け，その後に他の要素の id 属性で指定してある値を加えることで，Web ページ内の特定の場所へのリンクを作成することもできる（図 8.28）．

```
<p>
わかりやすい<a href="http://www.example.com/">サンプル</a>
があります。
</p>
```

わかりやすいサンプルがあります。

図 8.27 リンクを作成する a 要素．

a 要素はフレージング・コンテンツのみを含む場合は，フレージング・コンテンツに属する．

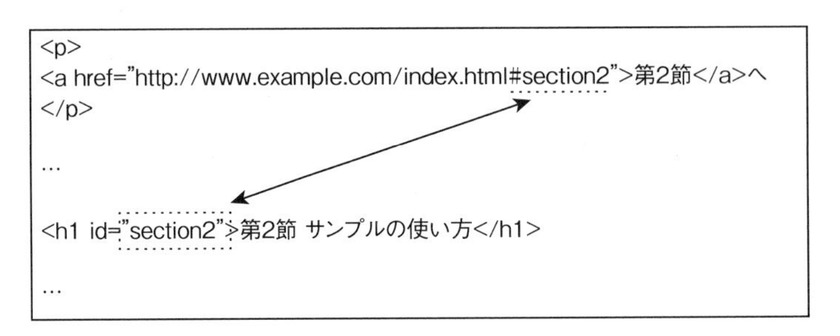

図 8.28 ページ内へのリンク記述例.

8.3.3 HTML のグローバル属性

グローバル属性とは，どの要素にも共通で使用することができる属性である．属性は，8.2 節で解説したように，HTML の要素に付加的な情報を追加し，その機能を向上させるために使用する．

グローバル属性の一覧を表 8.11 に示す．表 8.11 にあるように，多くのグローバル属性が存在するが，ブラウザによっては未対応のものもあるため，その使用には注意が必要である．本書では，第 9 章の CSS の指定でも必要となる id 属性と class 属性に関して簡単に解説する．

表 8.11 HTML のグローバル属性.

属性	値	属性	値
id	固有の名前	hidden	非表示
class	種類を示す名前	spellcheck	スペルチェックの有効・無効
title	補足情報	contextmenu	コンテキストメニューの ID
lang	言語コード	draggable	ドラッグの可・不可
style	CSS の宣言	dropzone	ドロップ時の挙動
dir	文字表記の方向	contenteditable	編集の可・不可
accesskey	ショートカットキー	translate	翻訳するかどうか
tabindex	タブキーによる移動の順序		

〈id 属性〉

id 属性は，要素に固有の名前をつける場合に使用する．大文字と小文字が区別され，同じページ内に同じ id 属性の値は指定できない．

CSS でその要素だけに表示指定する場合，リンクでそのページ内のその位置にジャンプする場合などに利用する（図 8.29）.

〈class 属性〉

class 属性は，要素の種類を示す場合に使用する．大文字と小文字が区別され，同じページ内に複数箇所で同じ値を指定してもよい．また，1 つの要素に，半角スペースで区切り複数指定することができる．

```
<nav>
    <ul>
        <li><a href="#about">このサイトの説明</a></li>
        <li><a href="#aboutme">自己紹介</a></li>
    </ul>
</nav>
<section id="about">
        <h1>このサイトの説明</h1>
</section>
<section id="aboutme">
        <h1>自己紹介</h1>
</section>
```

図 **8.29** id 属性の利用例.

CSS で共通した表示指定をする場合，同じ HTML 要素でも語句の意味を示したい場合（図 8.30），構造を明示したい場合（図 8.31）などに利用する.

```
<code class="JavaScript">JavaScriptのソースコード</code>
<code class="HTML">HTMLのソースコード</code>
```

図 **8.30** class 属性の利用例（code 要素に対し class 属性で語句の意味を示している）.

```
<body>
  <div class="section1">
      <h1>章見出し</h1>
      <div class="subsection">
         <h2>節見出し</h2>
         <p>段落</p>
      </div>
  </div>
</body>
```

図 **8.31** class 属性の利用例（div 要素に対し class 属性で階層構造を示している）.

8.4 HTML5 はどのように革新的か

HTML5 では，HTML4 まででではできなかったことが新たに可能となった.

1 つは文書構造をより明確に示すことができるという点である．たとえば，8.3.2 項 (3) フロー・コンテンツで解説したヘッダを示す header 要素，フッタを示す footer 要素や，(4) セクショニング・コンテンツで紹介したarticle要素，nav要素，section要素などを使用すれば，HTML文書内部の構造を明確に示すことができる．これにより，ブラウザや検索エンジンに対して明確な文書構造を伝えることができ，より適切な情報をユーザに伝えることが期待できる．

またHTML5では，動画や音声データをHTML文書から簡単に扱えるようになった．HTML4以前では，動画や音声をWebページに組み込む際にはFlashなどのプラグインを利用するのが一般的であった．これに対し，HTML5では，8.3.2項(6)エンベッディッド・コンテンツで紹介したvideo要素，audio要素などを使用することで，容易に動画や音声を扱えるようになった．これにより，プラグインやWebブラウザなどの閲覧環境に左右され難い情報提示が可能である．

本書で紹介した以外にも，HTML5では新しい属性や機能が追加されたり，様々なAPIが追加されたりしている．加えて，第9章で取り上げるCSS3では，本書で一部紹介するCSS3のみでのアニメーション，画像の変形など，より豊富な表現が可能となっている．これにより，Web開発技術がよりセマンティックなコンテンツプラットフォーム，よりリッチなアプリケーションプラットフォームとなっている．

その流れを裏付ける事例として，スマートフォン向けのアプリがHTML5で記述されたWebサイトに置き換わることも増えている．HTML5の新たな機能の恩恵を受け，これまであった情報提供のみのWebサイトに加え，よりインタラクティブな機能を備えたWebアプリケーションが提供され始めている．

演習問題

設問 1　Web ページの枠組みとなる HTML を記述せよ．

設問 2　設問 1 で記述した HTML に対し，header 要素を使ってページのヘッダを追記せよ．さらに，footer 要素，address 要素を使ってページのフッタを追記せよ．

設問 3　下記のテーブルを表示する HTML を記述せよ．

メニュー一覧

料理名		料金
魚料理	刺身	850円
	煮魚	700円
	焼き魚	700円
野菜料理	サラダ	650円
	野菜炒め	700円
※日替わりメニューもあります		

参考文献

[1] 大藤 幹：よくわかる HTML5+CSS3 の教科書，株式会社マイナビ (2013).

[2] 狩野 祐東：スラスラわかる HTML & CSS のきほん，ソフトバンク クリエイティブ株式会社 (2013).

[3] W3G HTML5 Reference：https://w3g.jp/html5/, 2013.10

[4] HTML5 でサイトをつくろう：http://www.html5-memo.com/, 2014.8

第9章 CSS3を書く

□ 学習のポイント

第8章ではWebサイトのコンテンツを記述するためのHTML5の記述方法について学んだ．

本章ではHTMLで記述されたコンテンツの表示方法を指定するためのCSS3(Cascading Style Sheets, level 3)の記述方法を解説する．CSS3は，CSSの3段階目の仕様で，アニメーションなどのより自由自在なコンテンツ表示が可能となっている．CSSを学ぶことにより，ユーザビリティやアクセシビリティを考慮したWebサイトのデザインの具現化が可能となる．たとえば，表示デバイスに応じたレイアウトの指定，チームでのWebサイト構築におけるデザインの統一など，CSSを利用するメリットは大きい．

本章では具体的に，次の項目について理解を深めることを目的とする．

- CSS3の基本書式を学ぶ．
- HTMLとCSSの関係を理解する．
- CSS3を使って小規模なWebサイトの表示指定ができるようになる．

□ キーワード

CSS3(Cascading Style Sheets, level 3)，プロパティ，セレクタ，ボックス，フロート，レイアウト，メディアクエリ

9.1 CSSの役割

CSSはHTMLタグによって示された各範囲の表示方法を指定するものである．たとえば，背景色，文字色，フォント，画像の表示位置などの表示方法を指定する．Webページを表示するデバイスごとに表示方法を変更することも可能である．

CSSファイルはHTMLファイル内部に記述することもできる．しかしながらこの場合，HTMLファイル容量が大きくなったり，Webサイト全体に共通する表示方法を各HTMLファイルに記述する必要があるため無駄が生じたりする．そのため，たった1ヵ所の修正にも大きなコストがかかるというデメリットが生じる．このデメリットを避けるため，通常CSSファイルは独立したファイルとして記述する．これにより，Webサイト全体に共通する表示指定を変

更する際にも，1 つの CSS ファイルの編集作業のみですむ．また，印刷用表示指定や表示デバイスごとの表示指定が容易に可能となる．

最新の CSS3 では，ブラウザにより非対応のものも存在するため注意が必要である．したがって，Web サイトを制作する際には，想定されるユーザの閲覧環境を考慮する必要がある．具体的には，ブラウザの種類（Internet Explorer(IE)，Google Chrome，Safari など），デバイス（スマートフォン，タブレット，PC など）を考慮する．CSS3 に未対応の閲覧環境が想定される場合，まずは CSS2.1 で表示できることを確認し，CSS3 に対応した閲覧環境ではより良い表示ができることを考慮し表示指定を記述する．すべての環境で等しく表示がなされることにこだわらず，Web サイトの内容が正確に伝わることを優先させることが重要である．

CSS3 には多くのプロパティが存在する．本書ですべてを取り上げることは困難であるため，頻繁に使用されるもののみを取り上げる．

9.2 CSS3 の基本書式

CSS では，「どのタグ」の「何」を「どのように表示させるか」を指定する．CSS はすべて半角で記述する．CSS の基本書式を図 9.1 に示す．

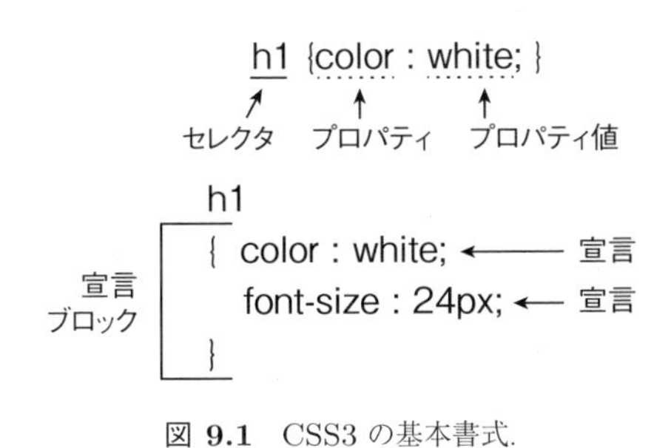

図 9.1 CSS3 の基本書式．

図 9.1 に示したように，セレクタは「表示指定の対象とする要素」を示す．図 9.1 では h1 要素の表示指定を行っている．セレクタの後ろの { } で囲われた部分が宣言ブロックである，宣言ブロック内部には 1 行ごとに宣言が記述される．宣言の書式は「プロパティ名：プロパティ値;」である．これは，「何を：どのようにするか;」を示す．セレクタ，プロパティ名，プロパティ値，{ } : ; の記号の前後には，半角スペース・改行・タブを自由に入れることができる．また，セレクタは一度に複数指定することができる（図 9.2）．

```
h1, h2, p {
   color : white;
   font-size : 24px;
}
```

図 9.2 CSS3 でセレクタを複数指定した例．

〈CSS3 の文字コード指定〉

HTML と CSS の文字コードが異なる場合には，CSS にも文字コードを指定したほうがよい．CSS での文字コードの指定方法は，ソースコードの先頭に「@charset "文字コード"」の書式で記述する．UTF-8，Shift-JIS，EUC-JP のそれぞれの文字コード指定方法を図 9.3 に示す．

```
CSS3の文字コードが
UTF-8の場合     => @charset "utf-8";
Shift-JISの場合 => @charset "shift-jis";
EUC-JPの場合    => @charset "euc-jp";
```

図 **9.3** CSS3 の文字コードの指定．

〈CSS のコメントの書き方〉

表現が複雑であったり，豊富であったりする Web サイトの制作の際には，より複雑な CSS の記述が求められる．その際，後で CSS を読むときの理解の助けとするため，CSS にメモを残すことがある．この際，コメント機能を利用する．CSS のコメントは /* と */ で囲って記述するか，1 行のみのコメントの場合は行の先頭に//と記述する．コメント部分は HMTL の表示には影響しない．

```
@charset "utf-8"; //文字コードUTF-8
h1, h2 { /* 見出しの表示指定 */ ←— コメント
  color : white;
  font-size : 24px;
}
```

図 **9.4** CSS のコメント．

9.3 CSS ファイルの適用

HTML に CSS を適用するには，HTML ファイルの head 要素内で link 要素を使い CSS ファイルを指定する．具体的な記述例を図 9.5 に示す．図中の点線で囲った部分が CSS ファイルの適用のための記述である．link 要素の rel 属性に stylesheet を指定し，href 属性に CSS ファイルの URL を指定する．図 9.5 では，css フォルダ内のファイル名 style.css という CSS ファイルを適用している．

上記以外の CSS の適用方法も存在する．

1 つは図 9.6 に示すように style 要素を用いる方法である．これは HTML に直接表示指定を記述することができる一方で，複数ページの CSS で表示指定を共有できなくなるというデメ

```
<!DOCTYPE html>
<html>
<head>
  <meta charset="utf-8">
  <title>サンプルページ</title>
  <link rel="stylesheet" href="css/style.css">
</head>
<body>

  ここにWebページコンテンツを記述する

</body>
</html>
```

図 **9.5** CSS ファイルの適用.

```
<!DOCTYPE html>
<html>
<head>
  <meta charset="utf-8">
  <title>サンプルページ</title>
  <style>
     h1{ color : white; }
  </style>
</head>
<body>
   <h1>サンプルページです</h1>
</body>
</html>
```

図 **9.6** style 要素による CSS の記述.

リットがある．そのため，通常 Web サイト制作時には使用されることは少ない．ブログサービスなどで HTML テンプレートしか変更できない場合などに利用する．

もう 1 つの CSS の適用方法は，style 属性を用いる方法である．図 9.7 に例を示す．CSS の表示指定を HTML ファイル内の各要素個別に記述する．メンテナンス性が低下するため，通常使用されない．ちょっとした表示確認やテストの際に使用する．

CSS の適用方法には上記のようにいくつかの方法が考えられる．しかしながら，閲覧環境に応じた表示方法の指定やメンテナンス性を考慮し，一般に CSS ファイルは独立したファイルとして記述することが多い．したがって，本書では CSS ファイルは独立した 1 つのファイルとして記述し，HTML ファイルに link 要素を使って適用する方法を採用する．以降，CSS3 の具体的な記述方法について解説するが，特に断らない限り表示指定は CSS ファイル（例：style.css）に記述することとする．

```
<!DOCTYPE html>
<html>
<head>
  <meta charset="utf-8">
  <title>サンプルページ</title>
</head>
<body style="background: blue;">
  <h1 style="color: white;">サンプルページです</h1>
</body>
</html>
```

図 **9.7** style 属性による CSS の記述.

9.4 CSS3 を書く

9.4.1 背景を指定する

(1) 背景色を指定する

background-color プロパティを使用する. background-color プロパティに指定できる値は下記のとおりである.

・色：色の書式に従い，背景色を指定する
・transparent：背景色を透明にする場合に指定する

background-color プロパティはすべての要素に指定できる．ページ全体の背景色を指定する CSS ファイルへの記述例を図 9.8 に示す．ここでは，ページの背景色をピンク色に指定している.

```
body {
  background-color : pink;
}
```

図 **9.8** ページの背景色の指定.

〈色の指定方法〉

色の指定方法には，図 9.8 のように色の名前で指定する方法の他に，いくつかの方法がある．ここでは，下記の 3 つを紹介する（表 9.1).

〜「#ff0000」形式 〜

#に続け，RGB の Red，Green，Blue それぞれの値を 16 進数 2 桁で指定する形式である.

例：赤＝「Red=255, Green=0，Blue=0」⇒ #ff0000

〜「rgb(255, 0, 0)」形式 〜

RGB の各値をシンプルに 10 進数で指定する形式である.

例：赤 ⇒ rgb(255, 0, 0)

～「rgb(255, 0, 0, 0.5)」形式 ～

CSS3 で新たに追加された形式である．rgb( ) の形式に透明度を追加する．透明度は 0～1 の実数で表し，0 は完全に透明，1 は完全に不透明を表す．

例：半透明の赤 ⇒ rgb(255, 0, 0, 0.5)

表 9.1 色の指定方法．

色の名前	#ff0000 形式	rgb(255, 0, 0) 形式	rgb(255, 0, 0, 0.5) 形式
black	#000000	rgb(0, 0, 0)	rgb(0, 0, 0, 1)
silver	#c0c0c0	rgb(192, 192, 192)	rgb(192, 192, 192, 1)
white	#ffffff	rgb(255, 255, 255)	rgb(255, 255, 255, 1)
fuchsia	#ff00ff	rgb(255, 0, 255)	rgb(255, 0, 255, 1)
red	#ff0000	rgb(255, 0, 0)	rgb(255, 0, 0, 1)
yellow	#ffff00	rgb(255, 255, 0)	rgb(255, 255, 0, 1)
lime	#00ff00	rgb(0, 255, 0)	rgb(0, 255, 0, 1)
blue	#0000ff	rgb(0, 0, 255)	rgb(0, 0, 255, 1)
green	#008000	rgb(0, 128, 0)	rgb(0, 128, 0, 1)

(2) 背景に画像を表示する

background-image プロパティを使用する．background-image プロパティに指定できる値は下記のとおりである．

- url(画像のアドレス)：画像のアドレスを指定して背景に表示させる
- none：背景に画像を表示しない状態にする

CSS ファイルへの記述例を図 9.9 に示す．ここでは，ページの背景に img フォルダ内の画像ファイル photo.jpg を指定している．

```
body {
  background-image : url(../img/photo.jpg);
}
```

図 9.9 ページ背景に画像を指定．

〈画像のアドレスの指定方法〉

画像のアドレス (URL) の指定方法には絶対 URL と相対 URL の 2 種類の方法がある．

～ 絶対 URL ～

ファイルのある場所の URL をすべて記述する方法である．「http://www.example.com/img/photo.jpg」のようにブラウザのアドレスバーなどに表示される形式で指定する．主に他のサイトにあるページや画像を指定するときに使用する．

～ 相対 URL ～

基準となるファイルから見てどこにあるかを相対的な位置で示す形式である．下の階層にあるファイルやフォルダの名前は / で区切って示す．上の階層のファイルやフォルダは階層の数だけ ../ をつけて示す．自分のサイト内に存在する画像に対しては主にこちらを使用する．

図 9.10 のファイル構成を例にすると，style.css から見て，1 つ上の階層にある img フォルダの中の photo.jpg は「../img/photo.jpg」となる．

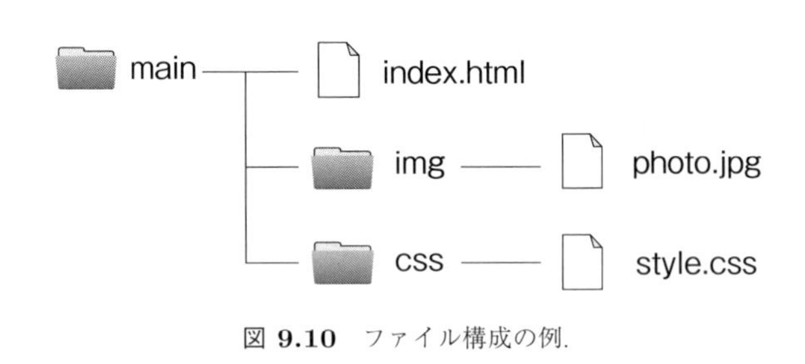

図 **9.10** ファイル構成の例．

(3) 背景画像の繰り返しの制御

background-repeat プロパティを使用する．background-repeat プロパティに指定できる値は下記のとおりである．

- repeat：背景画像を縦横に繰り返し（タイル状に並べて）表示させる
- no-repeat：背景画像を繰り返さずに 1 つだけ表示させる
- repeat-x：背景画像を横にのみ繰り返して表示させる
- repeat-y：背景画像を縦にのみ繰り返して表示させる

CSS ファイルへの記述例を図 9.11 に示す．ここでは，ページの背景画像 photo.jpg をタイル状に並べて表示する指定を行っている．

```
body {
  background-image : url(../img/photo.jpg);
  background-repeat: repeat;
}
```

図 **9.11** 背景画像の繰り返し．

9.4.2 テキストのスタイルを指定する

(1) 色と透明度の指定

テキストの色は color プロパティ，背景も含んだ要素全体の透明度は opacity プロパティで指定する．各プロパティで指定できる値は下記のとおりである．

color プロパティで指定できる値

- 色：色の書式に従って任意の文字色を指定する
- transparent：文字色を透明にする

opacity プロパティで指定できる値

- 透明度を 0.0（透明）から 1.0（不透明）の範囲の実数で指定する

図 9.12 に h1 要素のテキスト色を白に，透明度 0.5（半透明）に指定した例を示す．

```
h1 {
  color : white;
  background-color : black;
  opacity : 0.5;
}
```

図 9.12 テキストの色と透明度の指定．

(2) フォント関連のプロパティ

ここでは，フォント関連のプロパティをいくつか紹介する．フォント関連のプロパティを表 9.2 に示す．

表 9.2 フォント関連のプロパティ．

プロパティ名	説明
font-size	フォントサイズを指定する
line-height	行の高さを指定する
font-family	フォントの種類を指定する
font-weight	フォントの太さを指定する
font-style	フォントのスタイルを指定する
font	フォント関連の値をまとめて指定する

font-size プロパティはフォントサイズを指定する．指定できる値は下記のとおりである．

- 単位つきの実数：フォントサイズを単位つきの実数（26px，2.0em など）で指定する
- パーセンテージ：親要素のフォントサイズに対するパーセンテージで指定する
- xx-small，x-small，small，medium，large，x-large，xx-large：これらのキーワードを指定する（xx-small が最小，xx-large が最大．実際のサイズはブラウザに依存）
- smaller，larger：親要素のフォントサイズに対して，一段小さく，または大きくする

図 9.13 に font-size プロパティを使ったフォントサイズ指定の例を示す.

```
h1 { font-size : 30px; }
p  { font-size : smaller; }
```

図 9.13 font-size プロパティの例.

line-height プロパティは, 行の高さを指定する. 指定できる値は下記のとおりである.

- 実数：行間を単位をつけない実数（1.5 など）で指定する. 行間はここで指定した値とフォントサイズを掛けた高さになる.
- 単位つきの実数：行間を単位つき実数（24px, 1.5em など）で指定する
- パーセンテージ：行間をフォントサイズに対するパーセンテージで指定する
- normal：ブラウザ側で妥当だと判断する行間に設定する

line-height プロパティの例を図 9.14 に示す.

```
body {
  font-size : 10px;
  line-height : 1.5;
}
h1 { font-size : 30px; }
```

図 9.14 line-height プロパティの例.

font-family プロパティは, フォントの種類を指定する. 指定できる値は下記のとおりである.

- フォント名：フォントの種類をフォントの名前で指定する
- serif, sans-serif, cursive, fantasy, monospace：フォントのおおまかな種類を表す 5 つのキーワードを指定できる（実際に表示されるフォントの種類はブラウザによって異なる）

font-family プロパティでは, 閲覧環境にフォントがインストールされていない場合に備え, 複数のフォントの種類を指定しておくことができる. 図 9.15 に示すように, フォント名に引用符（"）を付けて指定することもできる.

font-weight プロパティは, フォントの太さを指定する. 指定できる値は下記のとおりである.

- 100, 200, 300, 400, 500, 600, 700, 800, 900：100 が最も細く, 400 が標準の太さで初期値, 900 が最も太くなる
- bold：そのフォントの一般的な太字の太さ, 700 を指定した場合と同じになる
- normal：そのフォントの標準の太さにする（font-weight プロパティの初期値）
- bolder：一段階太くする

```
body {
   font-family: "メイリオ", "Meiryo", "ヒラギノ角ゴ Pro W3",
   "Hiragino Kaku Gothic Pro", "MS Pゴシック", "MS P Gothic",
   "Osaka", sans-serif;
}
```

図 **9.15** font-family プロパティの例.

・lighter：一段階細くする

font-weight プロパティで太さ指定して，実際に表示される太さはフォントの種類によって異なる.

font-style プロパティは，フォントのスタイルを指定する．指定できる値は下記のとおりである.

・italic：イタリック体で表示する
・oblique：斜体で表示する
・normal：イタリック体や斜体ではない標準のフォントで表示する（font-style の初期値）

font プロパティは，上記で紹介したフォント関連の値をまとめて指定できるプロパティである．font プロパティに指定できる値は下記のとおりである.

・font-style の値
・font-weight の値
・font-size の値：必須
・line-height の値：font-size の値との間を半角スラッシュで区切って指定する
・font-family の値：必須

font プロパティでは，line-height の値を除き，各プロパティの値を半角スペースで区切って指定する．必須項目以外で，値を指定しないものは値が normal にリセットされる.

font プロパティの例を図 9.16 に示す.

```
h1 { font : 24pt serif; }
p  { font : bold 13px/1.7 "メイリオ", "Meiryo", sans-serif; }
```

図 **9.16** font プロパティの例.

〈CSS で使用する単位〉

CSS では，フォントサイズや行の高さ，画像の縦横幅などを単位つきの数値で指定することがある．ここで，CSS でよく使われる単位を表 9.3 に示す.

px，pt，cm，mm は単純に単位を示すが，em は指定した値がどのように表示に影響するか

表 9.3 CSS でよく使われる主な単位.

単位	説明
px	ピクセル
pt	ポイント（ワープロのフォントサイズ指定と同じ）
cm	センチメートル（主に印刷用に使用）
mm	ミリメートル（主に印刷用に使用）
em	その要素の font-size プロパティの値を 1 とする単位

多少の計算が必要となる．たとえば親要素の font-size プロパティの値が 12px の場合，子要素に「font-size:1.5em;」と指定するとそのフォントサイズは 18px になる．

(3) テキスト関連のプロパティ

次に，フォント以外のテキスト関連のプロパティを表 9.4 に示す．

表 9.4 テキスト関連のプロパティ.

プロパティ名	説明
text-shadow	テキストに影を表示させる
text-align	テキストの行揃えを指定する
text-decoration	テキストに下線を表示させる
letter-spacing	文字間隔を指定する
text-indent	1 行目のインデントの量を指定する

text-shadow プロパティは，テキストに影を表示させるプロパティである．指定できる値は下記のとおりである．

- 単位つきの実数：「影の表示位置」と「ぼかす範囲」を単位つきの実数で指定する
- 色：影の色を色の書式に従って指定する
- none：影を表示させない

影の表示位置は，元のテキスト位置を基準に，右方向への移動距離，下方向への移動距離の順に半角スペースで区切って指定する．影を左方向，上方向に移動させたい場合は，マイナスの値を指定する．移動距離の次に半角スペースで区切って影をぼかす範囲を指定することもできる．また，影指定をカンマ区切りで複数書くことにより，複数の影を指定できる．図 9.17, 9.18 に text-shadow プロパティの例を示す．

図 9.18 では，HTML ファイル内に「<h1> このサイトの説明 </h1>」と記述されている．この h1 要素に対し，図中左にあるように表示指定すると，ブラウザでは図中右のような表示となる．

text-align プロパティは，テキストの行揃えを指定するプロパティである． 指定できる値は下記のとおりである．

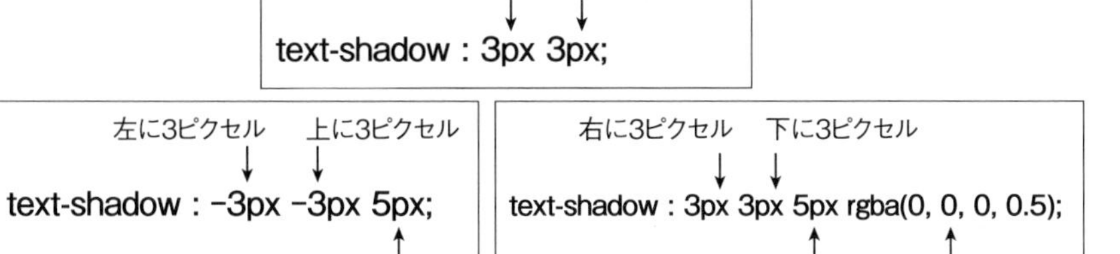

図 **9.17** text-shadow プロパティの値の指定方法.

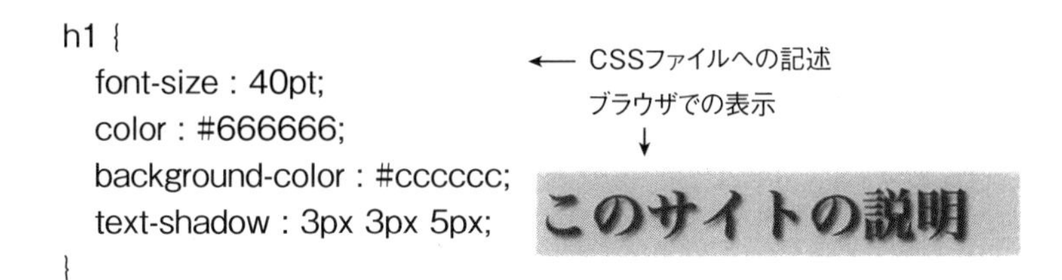

図 **9.18** text-shadow プロパティの指定とブラウザでの表示.

・ left：左揃え
・ right：右揃え
・ center：中央揃え

text-align プロパティは，主にヘッディング・コンテンツ，フロー・コンテンツに含まれる HTML 要素をセレクタとする．そして，セレクタとなる要素の内容や表のセル要素などに含まれるテキストや画像の水平方向の揃え方を指定する．text-align プロパティが制御できるのはセレクタとした要素の内容の行揃えのみで，セレクタとした要素そのものの整列はできない．そのため，たとえばその要素自身に横幅を指定しその水平方向を揃えたい場合には，9.4.4 項で解説する margin プロパティを応用する．

text-align プロパティの例を図 9.19 に示す．

text-decoration プロパティは，テキストに下線，上線，取り消し線を表示させる．指定できる値は下記のとおりである．リンクのように始めから下線が表示されているテキストの下線を消すには，none を指定する．text-decoration プロパティの例を図 9.20 に示す．

・ underline：下線を表示させる
・ overline：上線を表示させる
・ line-through：取り消し線を表示させる
・ none：テキストの線を消す

letter-spacing プロパティでは，文字間隔を指定する．標準の文字間隔の状態から，どれだけ間隔を開くのかを指定する．マイナスの値を指定すると文字間隔が狭くなる．このプロパティ

HTMLファイル内の記述

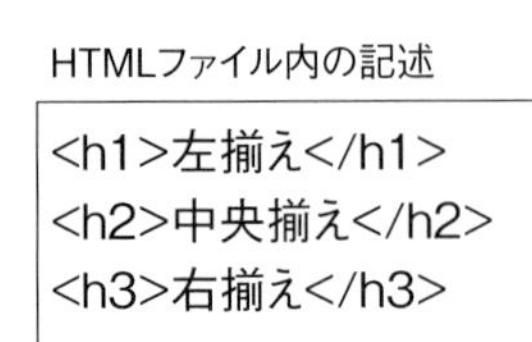

CSSファイル内の記述

```
h1, h2, h3 { font-size : 30pt; }
h1 { text-align : left; }
h2 { text-align : center; }
h3 { text-align : right; }
```

ブラウザでの表示

図 **9.19** text-align プロパティの例.

HTMLファイル内の記述

```
<h1>下線</h1>
<h2>上線</h2>
<h3>取り消し線</h3>
```

CSSファイル内の記述

```
h1, h2, h3 { font-size : 30pt; }
h1 { text-decoration : underline; }
h2 { text-decoration : overline; }
h3 { text-decoration : line-through; }
```

ブラウザでの表示

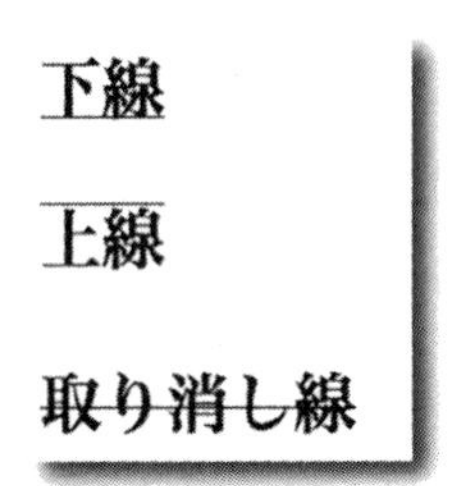

図 **9.20** text-decoration プロパティのブラウザでの表示.

に指定できる値は下記のとおりである.

・ 単位つきの実数：文字間隔を単位つきの実数（2px など）で指定する
・ normal：文字間隔を標準の状態にする

text-indent プロパティは，1 行目のインデントを指定する．通常は p 要素に指定するが，それ以外の要素にも指定可能である．初期値は 0 である．p 要素に対し「1em」を指定すると，段落先頭がほぼ 1 文字分空く．このプロパティに指定できる値は下記のとおりである.

・ 単位つきの実数：インデントの量を単位つきの実数で指定する
・ パーセンテージ：インデントの量を幅に対するパーセンテージで指定する

9.4.3 CSS の適用先の指定方法「セレクタ」

ここまで，背景の指定やテキスト関連のプロパティを解説してきたが，ここで使用してきたセレクタは，図 9.21 のように要素名をそのまま使用するセレクタであった．

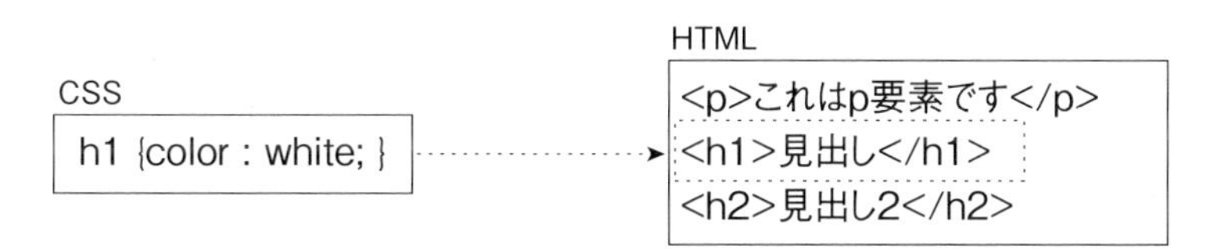

図 9.21　要素名をセレクタとするタイプセレクタ．

要素名をそのまま使用するセレクタを「タイプセレクタ」と呼ぶ．タイプセレクタでは，セレクタに指定した要素が HTML ファイル内のどの位置にあってもすべてに表示指定が適用される．たとえば，CSS ファイルに「div{font-size : 10px;}」と記述すれば，HTML ファイル内のすべての div 要素すべてに「font-size:10px;」が適用される．しかしながら，div 要素の表示位置や内容によっては異なるフォントサイズを指定したい場合も存在する．この場合，タイプセレクタでは扱いが不便である．このような問題に対処するため，CSS には，タイプセレクタの他にも様々なセレクタが定義されている．本書では，ユニバーサルセレクタ，クラスセレクタ，ID セレクタ，疑似クラス，結合子について解説する．

ユニバーサルセレクタは，「要素名」の代わりに「*」をセレクタに指定する．指定したプロパティ，プロパティ値がすべての要素に適用される（図 9.22）．ユニバーサルセレクタは，各ブラウザの margin や padding（9.4.4 項で解説）などのデフォルトスタイルをリセットするのに使用することがある．ただしこの場合，大きなページでは表示が遅くなったり，もともとブラウザに設定されていた閲覧に最適なスタイルもリセットされてしまったりするため，注意が必要である．ユニバーサルセレクタは，クラスセレクタや ID セレクタと組み合わせて使用することもある．

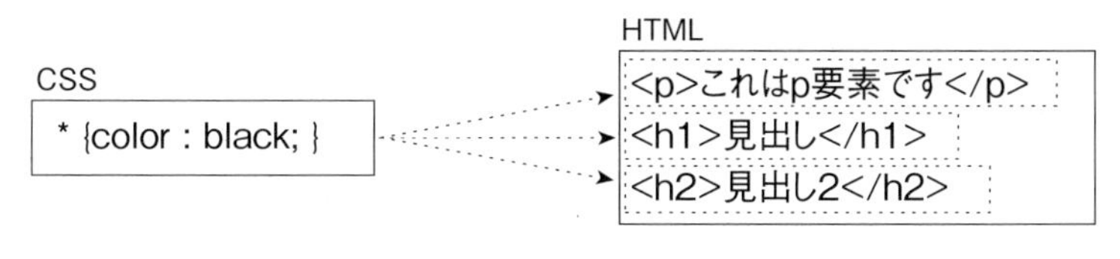

図 9.22　ユニバーサルセレクタ．

クラスセレクタは，class 属性の値をセレクタに使用する．具体的には，「要素名」や「*」の直後にピリオド「.」を付け class 属性の値を追加する，class 属性に特定の値が指定されている要素に表示指定を適用させることができる（図 9.23）．

ID セレクタは，id 属性の値をセレクタに使用する．具体的には，「要素名」や「*」の直後に

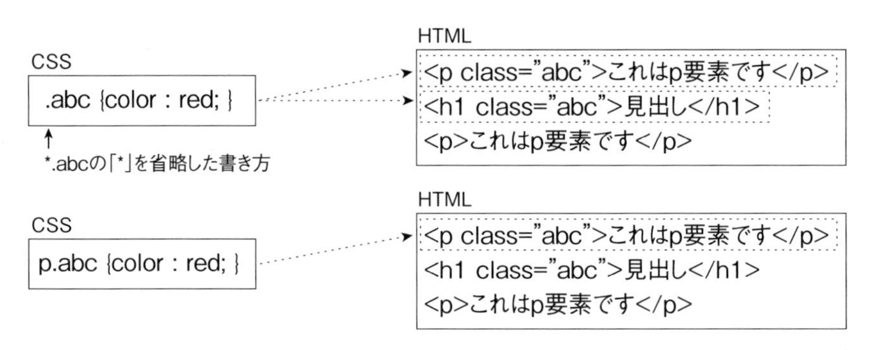

図 **9.23** クラスセレクタ.

「#」を付け id 属性の値を追加する．id 属性に特定の値が指定されている要素に表示指定を適用させることができる（図 9.24）.

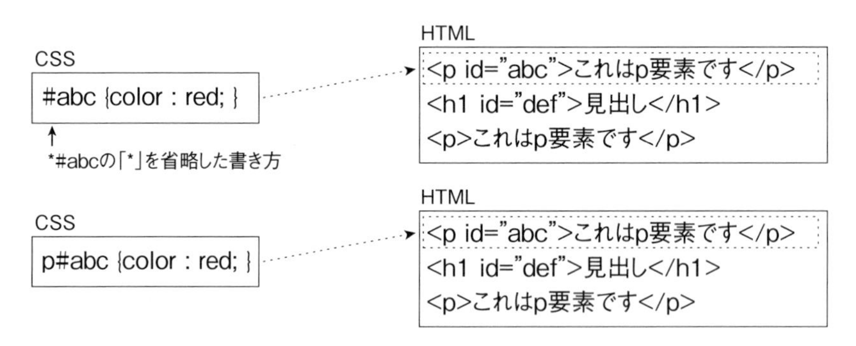

図 **9.24** ID セレクタ.

疑似クラスとは，ある要素が特定の状態にあるときに限定して適用するセレクタである．たとえば，a 要素の「リンク先をまだ見ていない状態」と「リンク先をすでに見た状態」で異なる文字色を指定する場合などに使用する．「クラス」という名前がついているが，class 属性とは関連がない．疑似クラスには 20 種類以上が存在する．ここでは，一般に利用されることが多い疑似クラス取り上げる．疑似クラスを表 9.5 に示す.

表 **9.5** 疑似クラス.

疑似クラス	適用対象
要素:link	リンク先をまだ見ていない状態の a 要素
要素:visited	リンク先をすでに見た状態の a 要素
要素:hover	カーソルが上にある状態の要素
要素:active	マウスボタンなどが押されている状態の要素

表 9.5 において，「要素:link」などの「要素」の部分には，クラスセレクタや ID セレクタと

同様に「要素名」や「*」が指定でき，「*」は省略可能である．

疑似クラスの例を図 9.25 に示す．一般に a 要素では，4 つの疑似クラスが同時に指定される．このとき，指定する順序に注意が必要である．CSS では同じ部分に対して複数の異なる表示指定を行うと，後からの指定が有効となる（詳細は後述する）．「: hover」と「: active」は他の状態と同時になることがありうる．そのため，まず始めに「: link」と「: visited」の指定を書き，その後に「: hover」と「: active」を順に指定する．

```
a:link    {color : blue; }
a:visited {color : purple; }
a:hover   {color : red; }
a:active  {color : yellow; }
```

図 9.25 疑似クラスの例.

セレクタを半角スペースで区切り，複数並べたものを「結合子」と呼ぶ．「左側の適用対象」の中に含まれる「右側の適用対象」に表示指定が適用される．半角スペースで区切るセレクタは，いくつでも区切って適用対象を絞り込むことができる．

図 9.26 に結合子の記述例を示す．図中の CSS の一行目は，「class=”abc”が設定されている p 要素」の中に含まれる「strong 要素」に対して文字色を青に指定している．同様に，CSS の 2 行目は，「h1 要素」の中に含まれる「strong 要素」に対して文字色を赤に指定している．このように結合子を活用することで，ある要素の中に含まれる要素に対して表示の指定を行うことができる．

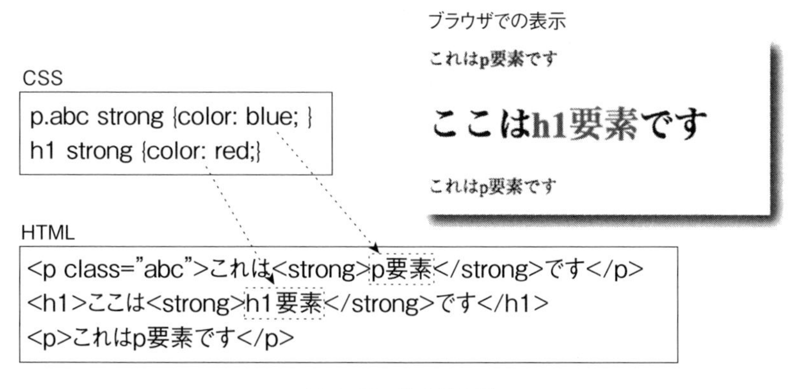

図 9.26 結合子の例.

〈CSS の優先順位〉

疑似クラスのところでも少し触れたが，同じ要素に対して複数の表示指定が競合する場合がある．前述の疑似クラスはわかりやすい例であるが，たとえば，複数人で Web サイト制作を行っている場合や制作途中で担当者が変更になった場合などに起こることが多い．CSS の指定が競合した場合，優先順位を決定するルールが存在する．

優先順位は下記の順に決定する．

1) 「！ important」がついている指定は最優先（図 9.27）
2) 使用しているセレクタの種類から優先度を計算
3) 計算結果の優先度が同じなら後の指定を優先

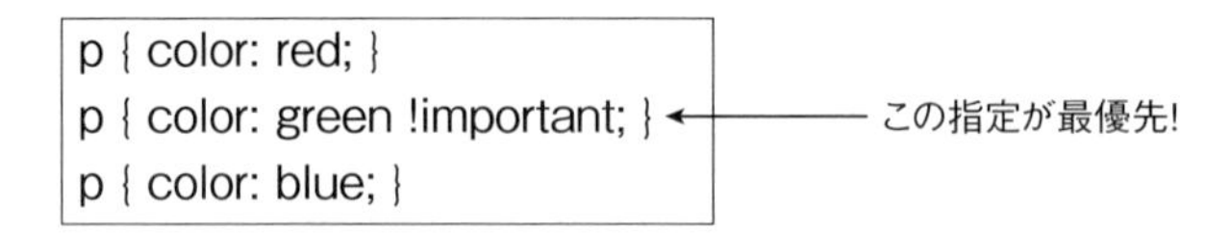

図 9.27 「!important」がついている例．

セレクタからの優先順位は，下記の点数に従い合計値を求め決定する．合計値が多い方の優先度が高い

・ID セレクタ：100 点
・クラスセレクタ：10 点
・タイプセレクタ（要素名）：1 点
・ユニバーサルセレクタ（*）：0 点

図 9.28，9.29 に例を示す．図 9.28 では，同じ要素の「id=”red”」に赤，「class=”blue”」に青が指定されている．上記の点数に従えば，ID セレクタは 100 点，クラスセレクタは 10 点である．したがって，図 9.28 の場合，ID セレクタで指定した色である「赤」の優先順位が高い．

一方，図 9.29 の CSS では，同じ要素の「id=”sun”」と「class=”moon”」に加え，赤色の指定のほうには p 要素，a 要素の指定があり，青色の指定のほうには p 要素の指定がある．上記の点数に従えば，赤色指定は合計値 112 点，青色指定のほうは 111 点である．よって，CSS の 1 行目の優先順位が高くなり，ブラウザでは赤色で表示される．

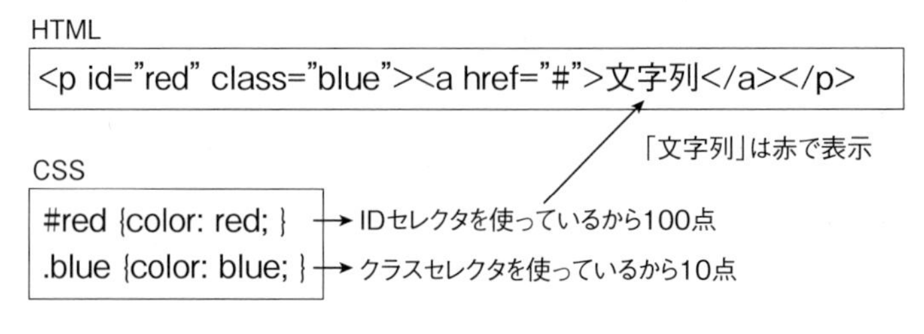

図 9.28 セレクタからの優先度の計算 (1).

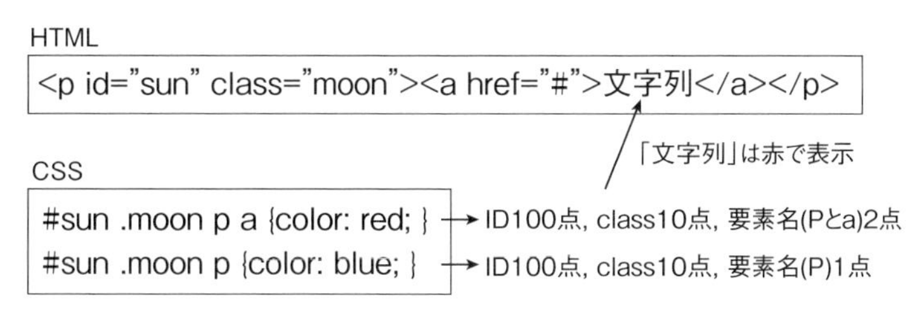

図 **9.29** セレクタからの優先度の計算 (2).

9.4.4 ページを構成する要素の表示指定（ボックス関連のプロパティ）

HTML の各要素には，ボックスと呼ばれる四角い領域が用意される．ボックスには表示領域とその境界線，余白が存在する．ボックスの構造を図 9.30 に示す．

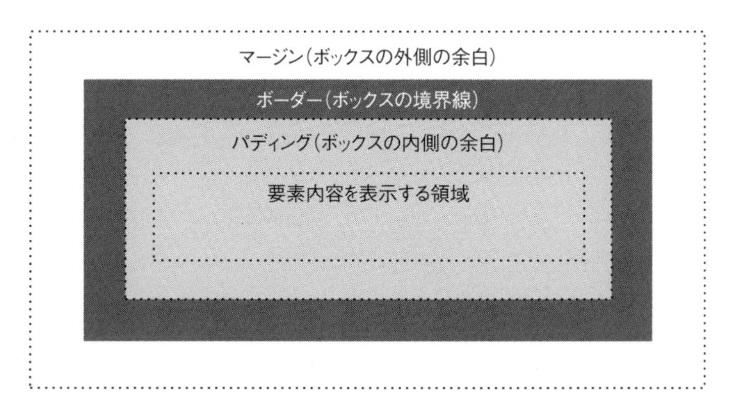

図 **9.30** ボックスの構造.

ここからは，ボックス関連のプロパティについて紹介する．

〈マージンの設定〉

マージンを設定するプロパティには，上下左右を個別に設定するものと一括して設定するものがある（表 9.6）.

表 **9.6** マージンを設定するプロパティ.

プロパティ名	適用対象
margin-top	上のマージン
margin-bottom	下のマージン
margin-left	左のマージン
margin-right	右のマージン
margin	上下左右のマージン

表 9.6 に示したプロパティに指定できる値は下記のとおりである．

・単位つきの実数：マージンを単位つきの実数（30px など）で指定
・パーセンテージ：この要素を含むブロックレベル要素の幅に対するパーセンテージ（25%など）で指定
・auto：マージンをボックスの状況から自動的に設定する

margin プロパティは上下左右のマージンをまとめて設定できる．この指定方法を表 9.7 に示す．margin プロパティは，値を半角スペースで区切り最大 4 つまでの値を指定できる．値を 1 つだけ指定した場合はその値が上下左右に適用され，4 つ指定した場合はそれらが上から時計回りに右・下・左と適用される．後述するパディングなどの上下左右をまとめて指定するプロパティも同じパターンである．

表 9.7 margin プロパティの指定方法．

各値の適用場所	指定例
上下左右	margin: 10px;
上下　左右	margin: 10px 20px;
上　左右　下	margin: 10px 20px 30px;
上　右　下　左	margin: 10px 20px 30px 40px;

〈パディングの設定〉

パディングはボックスの内側の余白のことである．パディングを設定するプロパティには，マージンのときと同様に上下左右を個別に設定するものと一括して設定するものがある（表 9.8）．上下左右を一括して設定する padding プロパティの値の指定方法は，表 9.7 に示したパターンと同様である．

表 9.8 パディングを設定するプロパティ．

プロパティ名	適用対象
padding-top	上のパディング
padding-bottom	下のパディング
padding-left	左のパディング
padding-right	右のパディング
padding	上下左右のパディング

表 9.8 に示したプロパティに設定できる値は下記のとおりである．

・単位つきの実数：パディングを単位つきの実数（30px など）で指定
・パーセンテージ：この要素を含むブロックレベル要素の幅に対するパーセンテージ（25%など）で指定

〈ボーダーの設定〉

ボックスの境界線をボーダーと呼ぶ．ボーダーを設定するプロパティでは，ボーダーの線種，太さ，色などが指定でき，基本的なものだけでも 20 種類ある．表 9.9 に，代表的なプロパティのみを示す．

表 9.9 ボーダーを設定するプロパティ．

プロパティ名	適用対象
border-style	上下左右のボーダーの線種
border-width	上下左右のボーダーの太さ
border-color	上下左右のボーダーの色
border	上下左右のボーダーの線種と太さと色

ボーダーを設定するプロパティに指定できる値を下記に示す．また，ボーダーの線種として指定できる値を表 9.10 に示す．

〜ボーダーの太さ〜

・単位つきの実数：単位つきの実数（5px など）で指定する

・thin, medium, thick：「細い」「中くらい」「太い」

〜ボーダーの色〜

・色：色の書式に従って（#ff0000 など）色を指定する

・transparent：ボーダーの色を透明にする

表 9.10 ボーダーの線種として指定できる値．

値	意味
none	ボーダーを表示しない
hidden	ボーダーを表示しない
solid	実線
double	二重線
dotted	点線
dashed	破線
groove	線自体が溝になっているようなボーダーにする
ridge	線自体が盛り上がっているようなボーダーにする
inset	ボーダーの内側の領域全体が低く見えるようなボーダーにする
outset	ボーダーの内側の領域全体が高く見えるようなボーダーにする

〈幅と高さの設定〉

「要素内容を表示する領域」の幅と高さを設定するプロパティを表 9.11 に示す．

表 9.11 のプロパティに指定できる値を下記に示す．

・ 単位つきの実数：5px などのように単位つき実数で指定

・ パーセンテージ（要素に対するパーセンテージ）

表 **9.11** 幅と高さを設定するプロパティ.

プロパティ名	適用対象	指定できる値
width	幅	単位つき実数，パーセンテージ，auto
height	高さ	単位つき実数，パーセンテージ，auto
min-width	最小の幅	単位つき実数，パーセンテージ
max-width	最大の幅	none，単位つき実数，パーセンテージ
min-height	最小の高さ	単位つき実数，パーセンテージ
max-height	最大の高さ	none，単位つき実数，パーセンテージ

・auto：高さをボックスの状況から自動設定する

9.4.5 配置方法の指定～フロート～

ある要素を左または右に寄せて配置し，その反対側に後継の要素が回り込むようにした状態を「フロート」と呼ぶ.

フロートを設定するプロパティは，float プロパティである．float プロパティには下記の値を指定できる.

・left：左側にフロートさせる
・right：右側にフロートさせる
・none：フローとしていない通常の状態にする

float プロパティを使って画像の横にテキストを回り込ませる HTML と CSS の記述例を図

HTML

```
<p id="p1">
<img src="img/photo.jpg">
1つ目の段落テキストです。この画像の横に回り
込みます。この画像の横に回り込みます。
</p>

<p>
2つ目の段落テキストです。この画像の横に回り
込みます。この画像の横に回り込みます。
</p>

<p id="p3">
<img src="img/photo.jpg">
3つ目の段落テキストです。この画像の横に回り
込みます。この画像の横に回り込みます。
</p>
```

CSS

```
#p1 img{ float: right;}
#p3 img{ float: left;}
```

図 **9.31** float プロパティを使用しテキストを回り込ませる記述例.

9.31 に示す．これをブラウザで表示すると図 9.32 のようになる．

図 9.32 の表示で，上から 1 つ目が「#p1 img{float: right;}」で右にフトートさせた写真，2 つ目が「#p3 img{float: left;}」で左にフロートさせた写真である．これを見てわかるように，float プロパティで左右に寄せて表示させた図の横に文章が回り込んでいる．

ここで，図 9.32 の状態から，ブラウザの幅を広くしてみると，図 9.33 に示すように左の画像が右の画像の下部を越えて上にあがってきてしまう．この状態でも特に問題のない場合もあるが，2 つ目の画像と 3 つ目の段落の文章は常に 1 つ目の画像よりも下に表示しておきたい場

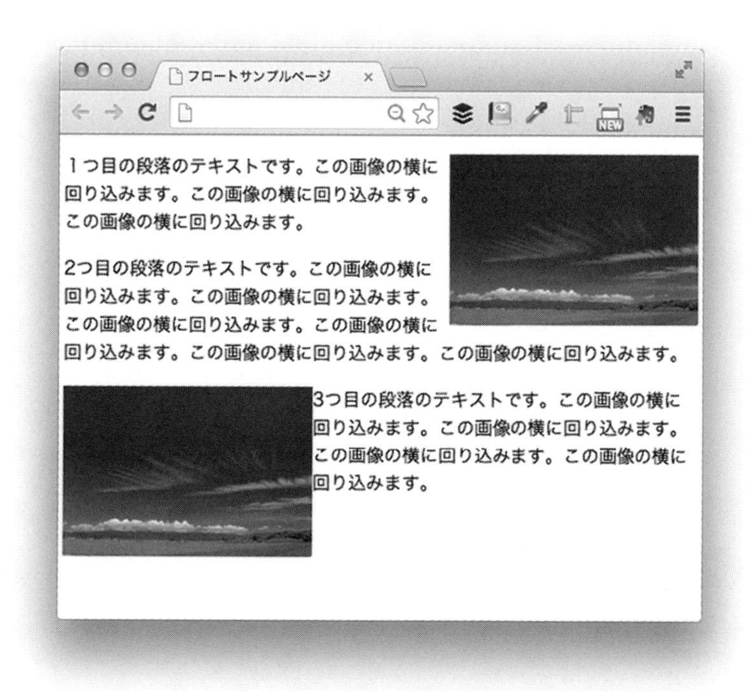

図 **9.32**　図 9.31 のブラウザでの表示．

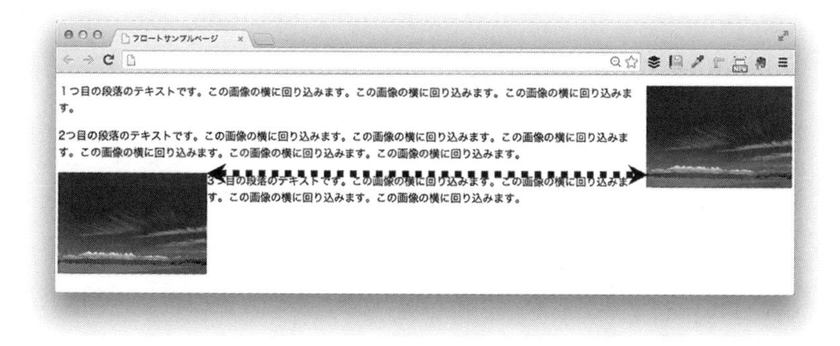

図 **9.33**　ブラウザの幅を広くした状態．

合もある．このようなときに使用するのがclearプロパティである．

clearプロパティは，指定した要素の直前でフロートを解除する．指定できる値を下記に示す．

- left：この要素よりも前で「float:left;」が指定されているフロートをこの要素の直前で解除する
- right：この要素よりも前で「float:right;」が指定されているフロートをこの要素の直前で解除する
- both：この要素よりも前で指定されている左右両側のフロートをこの要素の直前で解除する
- none：フロートを解除せずにそのままにする

図9.31のCSSにclearプロパティを追加したものを図9.34に，またその表示を図9.35に示す．3段落目のテキストと左の画像が右の画像の下から表示されていることがわかる．

```
#p1 img{ float: right;}
#p3 img{ float: left;}
#p3 { clear: right;}
```

図 **9.34** clearプロパティを追加したCSS.

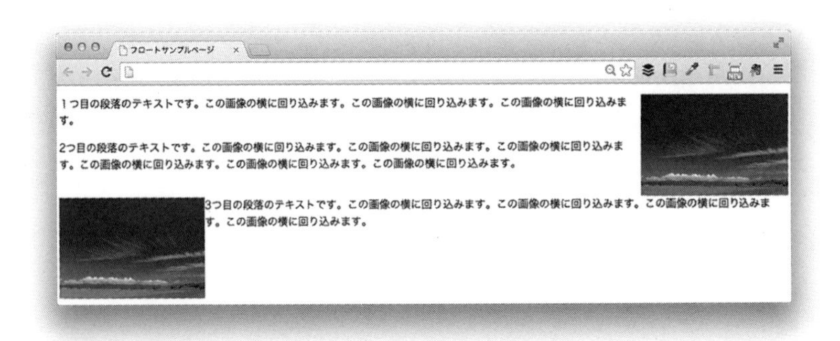

図 **9.35** clearプロパティ追加後の表示.

9.4.6 フロートによる段組みレイアウト

段組みとは，文章や図を2列以上の列に分けて配列することであり，マルチカラムレイアウトとも呼ばれる．Webサイトデザインでは，メニューなどのナビゲーション部分と本文部分で2段組みにするなどの例がある（図9.36）．

Webサイト制作において，段組みレイアウトを作る手順は，下記の3ステップである．

1) 段にする範囲をdiv要素でグループ化する
2) グループ化したdiv要素にfloatプロパティを指定し，左または右にフロートさせる
3) 段にしないところ（フッタなど）の前でフロート解除し，段組みを解除する

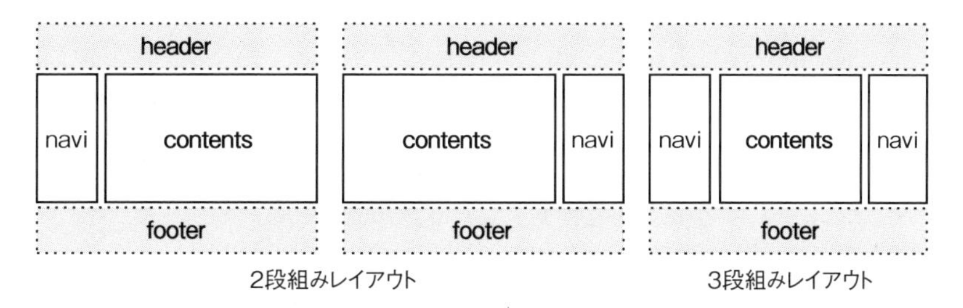

図 **9.36** 段組みレイアウト.

以降では，この手順に沿って，2 段組みレイアウト，3 段組みレイアウトを作成してみる.

(1) 2 段組みレイアウト

2 段組みレイアウトを作成する．まず，div 要素を使って段にする範囲をグループ化する．図 9.37 にグループ化した状態を示す．ここでの HTML は，body 要素の内部のみを示している．グループ化した範囲を点線で示している．一方 CSS では，コンテンツ全体 (id="page") の幅を 600px とし，左右マージンを auto にすることで全体をセンタリングしている（上下マージンは 0)．これをブラウザで表示すると図 9.38 のようになる（コンテンツの文章は図 9.37 に追記).

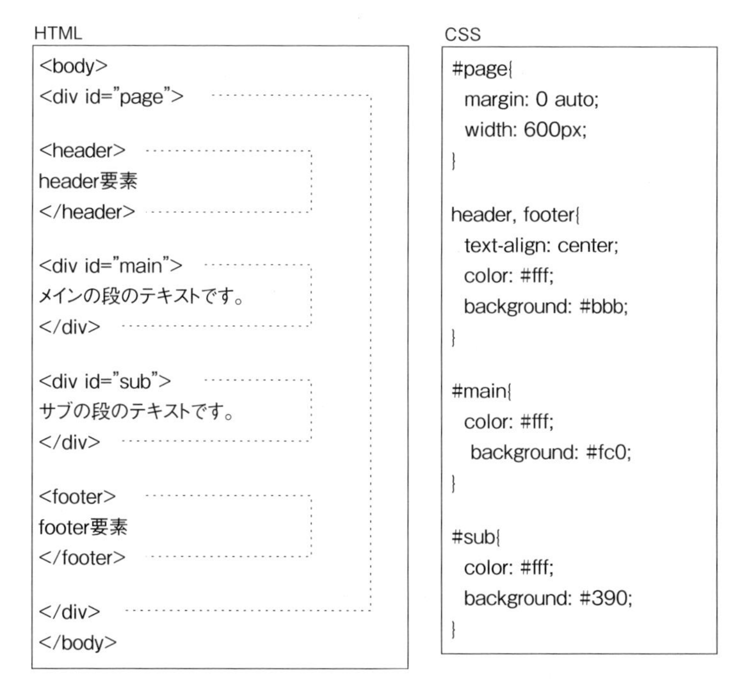

図 **9.37** div 要素で段組みの範囲をグループ化.

次に，グループ化した div 要素に float プロパティを指定し，要素を左または右にフロートさせる．図 9.37 の CSS の#main と#sub の部分に float プロパティを追記した CSS を図

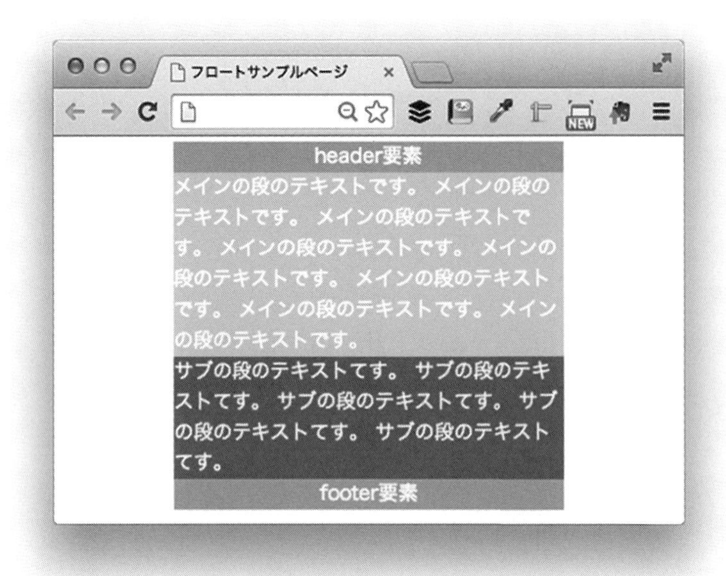

図 9.38 div 要素で段組み範囲をグループ化した状態.

9.39 に示す．太字が追記した部分である．float プロパティに加えそれぞれの段の幅も指定している．HTML には変更はない．この状態でブラウザ表示を行うと，図 9.40 のようになる．フロートにしていない段（ここでは footer）がコンテンツの長さが短い段の下に入り込んでしまっている．

```
…
#main{
  float: right;
  width: 400px;
  color: #fff;
  background: #fc0;
}

#sub{
  float: left;
  width: 200px;
  color: #fff;
  background: #390;
}
```

図 9.39 CSS にフロート指定を追記.

図 9.40 メインとサブの段にフロート指定をした直後.

段組みレイアウト作成の最後の手順として，段にしないところの段組みを解除する．具体的にはフッタ（footer 要素）に対し，clear プロパティを指定する．これを図 9.41 に示す．太字

```
…
#main{
  float: right;
  width: 400px;
  color: #fff;
  background: #fc0;
}

#sub{
  float: left;
  width: 200px;
  color: #fff;
  background: #390;
}

footer{
  clear: both;
}
```

図 9.41 フッタのフロートを解除.

が追記した部分である．clearプロパティにbothを指定し，左右両側のフロートを解除している．これをブラウザで表示すると図9.42のようになる．これで2段組みレイアウトの完成である．右側のメインの段の下部が空いているのは，コンテンツの高さがサブの段と同じでないためである．

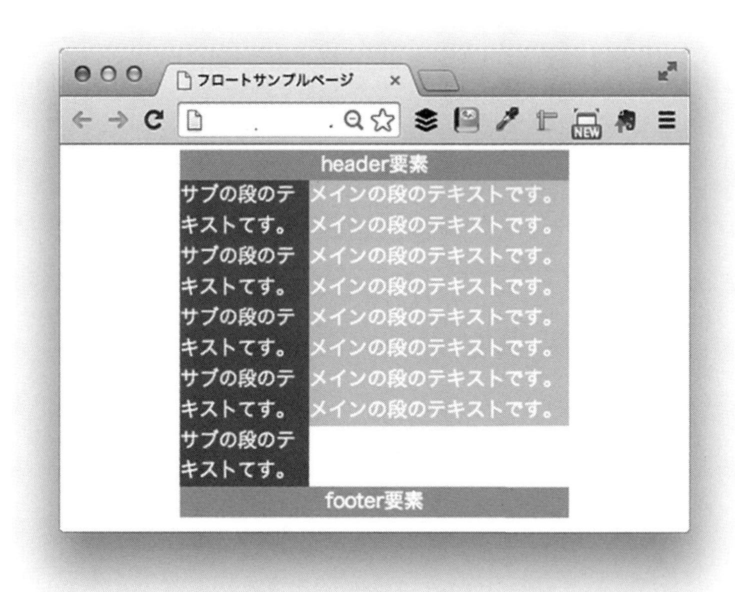

図 **9.42** 2段組みレイアウトの完成．

(2) 3段組みレイアウト

3段組みレイアウトを作る．ここでは，最終的なHTMLとCSSのみをそれぞれ図9.43と図9.44に示す．このブラウザ表示を図9.45に示す．

図9.45を見ると，メインの段が右端に表示されている．上記の方法ではHTMLファイル内で最初に記述されている段を中央に配置できないことがわかる．メインを中央に配置するためには図9.46のように，2段組みの一方の段の中をさらに2段組みにする方法を用いる．

この方法のHTMLのCSSをそれぞれ図9.47と図9.48に示す．

```
<body>
<div id="page">
<header>
header要素
</header>

<div id="main">
メインの段のテキストです。
</div>

<div id="sub1">
サブ1の段のテキストです。
</div>

<div id="sub2">
サブ2の段のテキストです。
</div>

<footer>
footer要素
</footer>
</div>
</body>
```

図 **9.43** 3 段組みレイアウトのための HTML.

```
#page{
  margin: 0 auto;
  width: 800px;
}

header, footer{
  text-align: center;
  color: #fff;
  background: #bbb;
}

#main{
  float: right;
  width: 400px;
  color: #fff;
  background: #fc0;
}
```

```
#sub1{
  float: left;
  width: 200px;
  color: #fff;
  background: #390;
}

#sub2{
  float: left;
  width: 200px;
  color: #fff;
  background: #eee;
}

footer{
  clear: both;
}
```

図 **9.44** 3 段組みレイアウトのための CSS.

図 **9.45** 3段組みレイアウトのブラウザでの表示.

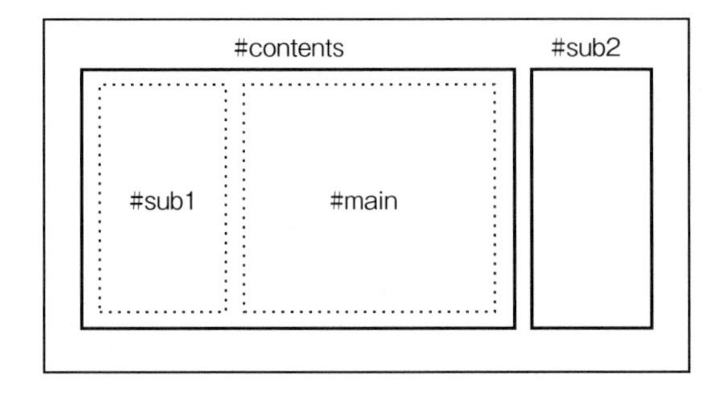

図 **9.46** メインを中央にした3段組みレイアウトの組み方.

```
<div id="page">
<header>
header要素
</header>

<div id="contents">
<div id="main">
メインの段のテキストです。
</div>
<div id="sub1">
サブ1の段のテキストです。
</div>
</div> <!-- contents終了 -->

<div id="sub2">
サブ2の段のテキストです。
</div>

<footer>
footer要素
</footer>

</div>
```

図 9.47 3 段組みレイアウト（2 段組みの一方の中に 2 段組み）HTML.

```
#page{
  margin: 0 auto;
  width: 800px;
}

header, footer{
  text-align: center;
  color: #fff;
  background: #bbb;
}

#main{
  float: right;
  width: 400px;
  color: #fff;
  background: #fc0;
}

#sub1{
  float: left;
  width: 200px;
  color: #fff;
  background: #390;
}
```

```
#contents{
  float: left;
  width: 600px;
}

#sub2{
  float: left;
  width: 200px;
  color: #fff;
  background: #eee;
}

footer{
  clear: both;
}
```

図 9.48 3 段組みレイアウト（2 段組みの一方の中に 2 段組み）CSS.

ここまで，HTMLとCSSの具体的な記述を紹介しながら段組みレイアウトの作成方法について解説してきた．ここで，各段の幅に関して補足する．

上記の例では，コンテンツの幅をすべて「width: 600px;」や「width: 400px;」，「width: 200px;」のように固定値で指定していた． こうすることにより，どのブラウザサイズでも幅が不変で，制作側の意図通りのレイアウトで表示されるというメリットがある．しかしながら，小さいブラウザサイズで見ると横スクロールバーが出る，大きいブラウザサイズで見ると大きな空白が生じるなど，ユーザビリティにデメリットが生じる．スマートフォンやタブレットなどの携帯端末が普及している現在，このようなデメリットは避けたほうがよい．この問題に対処するには，要素の単位を%で指定する．具体的には，上記の例で「width: 600px;」や「width: 400px;」，「width: 200px;」としていた箇所を「width: 80%;」や「width: 70%;」，「width: 30%;」とする．これより，ブラウザサイズによって相対的・可変的に幅が変わるため，スマートフォンやタブレットのような閲覧環境であってもユーザビリティの低下を防ぐことができる．

幅をパーセンテージ（単位：%）で指定する場合，親要素の幅を基準とした相対的な値となることに注意が必要である．たとえば「width:80%;」は 親要素の80%の幅ということである．親要素の幅が指定されていない場合は，ブラウザの幅（body要素の幅）が基準となる．よりユーザビリティの低下を回避するためには，要素幅の上限（max-width）と下限（min-width）を指定することが望ましい．

9.4.7 Webサイトのレイアウト

Webサイトのレイアウトには，コンテンツの表示方法によって様々なレイアウトが存在する．主なレイアウトを下記に紹介する．

- 固定幅レイアウト (Fixed Layout)
- レスポンシブWebデザイン (Responsive Web Design)
- エラスティックレイアウト (Elastic Layout)
- リキッドレイアウト (Liquid Layout)
- フレキシブルレイアウト (Flexible Layout)
- グリッドレイアウト (Grid Layout)
- 可変グリッドレイアウト (Fluid Grid Layout)

レイアウト幅が不変の固定されたレイアウトを固定幅レイアウトと呼ぶ．このレイアウトでは，要素の単位をpxで指定する（図9.49）．どのブラウザサイズでも制作側の意図通りのレイアウトで表示されるというメリットがある一方，小さいブラウザサイズで見ると横スクロールバーが出る，あまり大きいブラウザサイズで見ると大きな空白が生じるなどのデメリットが生じる．

レスポンシブWebデザインは，PCやスマートフォン，タブレットなど閲覧環境ごとに複数デザインを製作するのではなく，それぞれのディスプレイの幅に合わせてデザインを最適化する方法である．CSS3のメディアクエリを利用する．1つのソースで複数デバイスに対応でき，

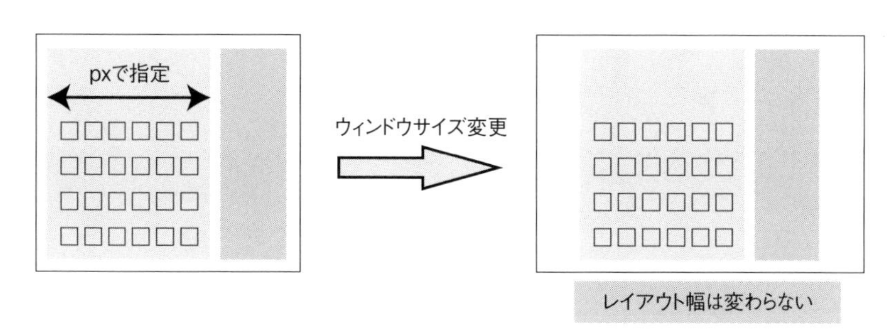

図 9.49 固定幅レイアウト.

各デバイスに合わせた調整が可能なのでユーザビリティも向上するというメリットがある．ただし，緻密な設計が必要となる．

エラスティックレイアウトでは，要素の単位をemで指定する（図9.50）．emは1文字分の幅であるため，ブラウザの設定で表示文字の大きさを変えた際，それに伴いレイアウト幅も変更される．設計が少し難しいが，文字の拡大縮小に伴いレイアウト幅も同様の比率で変化するため，常に同じレイアウトを提供することができる．

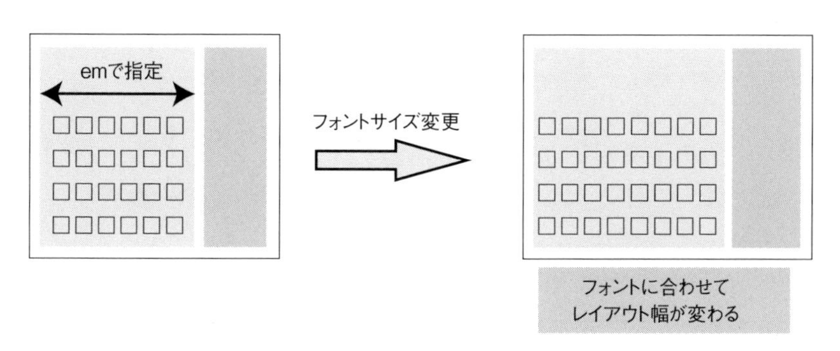

図 9.50 エラスティックレイアウト.

リキッドレイアウトでは，要素の単位を%で指定する．ブラウザサイズによって相対的・可変的に幅が変わる（図9.51）．ブラウザサイズに合わせた情報量を提供することができる．しかしながら，無制限に可変可能にしてしまうとリーダビリティの低下につながるため，上限や下限も合わせて指定する（フレキシブルレイアウトにする）ことが望まれる．

フレキシブルレイアウト（図9.52）は，リキッドレイアウトのデメリットを改善したレイアウトである．要素の単位を%で指定し，最小幅と最大幅も指定する．フレキシブルレイアウトでは，ブラウザサイズに合わせた情報量を提供することができる．また，最大幅と最小幅を指定するため，可読性やレイアウトの崩れをコントロールできる．ただし，min-width，max-widthに対応してないブラウザにはスクリプトなどで対応する必要がある．

グリッドレイアウトはレイアウトの一種と言うよりはレイアウトの原則である．架空の縦横線を下地とし，そこにできたブロックごとに文字や画像などの要素を配置する（図9.53）．グ

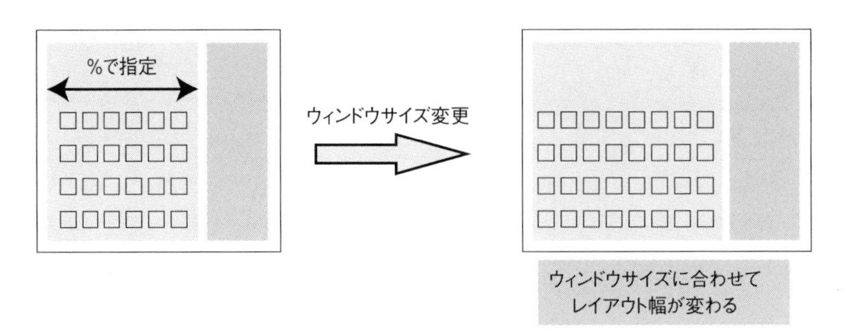

図 **9.51** リキッドレイアウト.

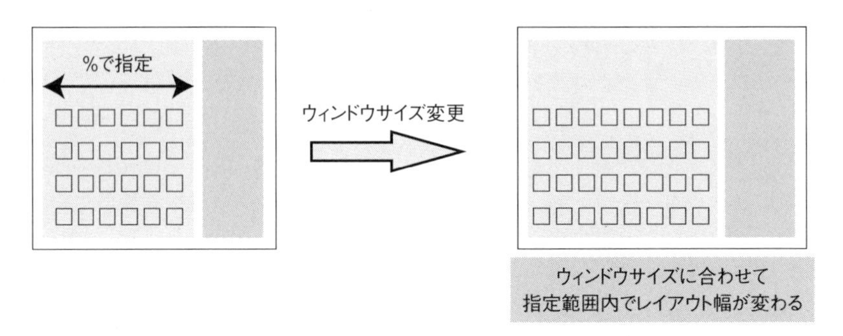

図 **9.52** フレキシブルレイアウト.

リッドを使用して設計されたレイアウトの単位を変えることで，エラスティック，リキッド，フレキシブル，固定幅レイアウトになる．グリッドレイアウトは，設計が容易で，整然とした配置で情報を伝えやすい．

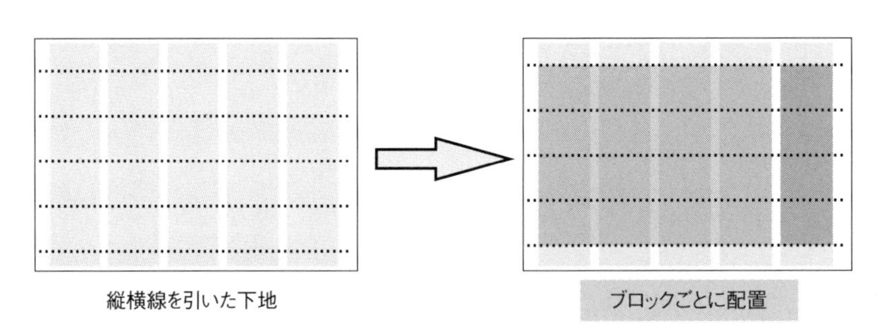

図 **9.53** グリッドレイアウト.

可変グリッドレイアウトは，グリッドレイアウトとリキッドレイアウトを合わせたレイアウトである．ウィンドウサイズに合わせてグリッドベースのコンテンツが再配置されるレイアウト（図 9.54）もここに含まれる．可変グリッドレイアウトでは，ブラウザサイズに合わせて整った要素が再配置されるため，どのユーザにも正確に情報を伝えやすい．ただし，最初にグリッドデザインで設計するため設計がワンステップ多い．また，要素が再配置されるレイアウトの

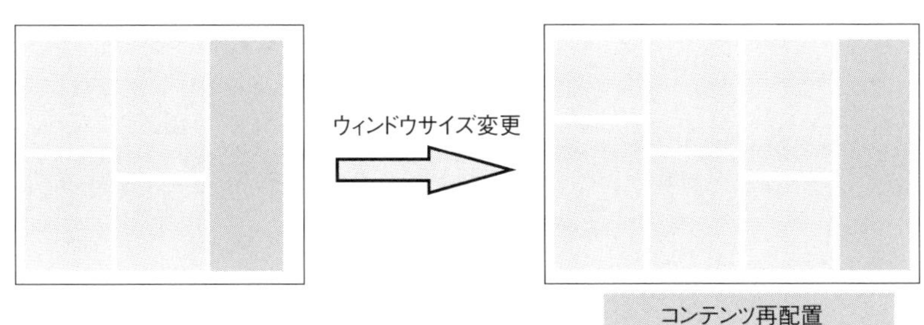

図 **9.54**　可変グリッドレイアウト．

ほうはスクリプトを使用するため，スクリプトを扱うための知識が必要である．

本章では代表的な 7 つのレイアウトについて解説した．実際の Web サイト制作では，複数のレイアウトを組み合わせたサイトが制作されることが多い．Web サイトの設計の際のレイアウト選択には，下記の 3 つがポイントとなる．

・ユーザビリティを損なわないよう最適なものを選ぶ
・ユーザの利用環境を考慮する
・コンテンツの種類（文章なのか，写真なのかなど）を考慮する

9.4.8　メディアクエリ

メディアクエリとは，Web サイトの出力媒体，その特性や状態によって適用する CSS を変えるしくみである．たとえば，パソコン画面でウィンドウの幅が 900px より大きいなら styleA.css，ウィンドウの幅が 600-900px の間の場合は styleB.css，iPhone なら styleC.css を適用するというように CSS を指定する．メディアクエリは，Internet Explorer はバージョン 9 以降でのみ対応済み，他のブラウザはほぼ対応済みである．

メディアクエリは HTML ファイル内に書く方法と CSS ファイル内に書く方法の 2 通りがある．メディアクエリの書式を図 9.55 と図 9.56 に示す．図 9.55 は，HTML ファイル内に書く方法である． HTML ファイル内には link 要素を使って記述する．図 9.56 は，CSS ファイル内に書く方法である．

「出力媒体」に続けて必要な数だけ「and (メディア特性：値)」を追加して条件を加えてい

```
<link rel="stylesheet" media="出力媒体 and (メディア特性:値)" href="style.css">
```

図 **9.55**　メディアクエリの書式 (HTML)．

```
@media 出力媒体 and (メディア特性:値){
  セレクタ{ プロパティ: 値; … }
  セレクタ{ プロパティ: 値; … }
}
```

図 **9.56**　メディアクエリの書式 (CSS)．

く．「出力媒体」と「and (メディア特性：値)」の式がすべて成り立つ場合にのみ CSS が適用される．「出力媒体」には HTML を出力する媒体（パソコン画面，プリンタなど）を指定する．「メディア特性」と「値」には，それぞれ表示領域の幅とその具体的な値など，出力媒体の特性とその値を指定する．「出力媒体」に指定できる値を表 9.12 に，「メディア特性」と指定できる「値」を表 9.13 に示す．メディア特性とその値は表に示した以外にも存在するが，ここにはその一部のみ紹介している．

表 9.12 出力媒体に指定できる値.

値	意味
all	すべての機器
screen	パソコン画面
print	プリンタ
projection	プロジェクタ
tv	テレビ
handheld	携帯用機器（画面が小さく回線容量も小さい機器）
tty	文字幅が固定の端末
speech	スピーチ・シンセサイザー（音声読み上げソフトなど）
braille	点字ディスプレイ
embossed	点字プリンタ

表 9.13 メディア特性と指定できる値.

メディア特性	説明	値
width min-width max-width	表示領域の幅 表示領域の最小の幅（これ以上で適用） 表示領域の最大の幅（これ以下で適用）	実数+単位
height min-height max-height	表示領域の高さ 表示領域の最小の高さ（これ以上で適用） 表示領域の最大の高さ（これ以下で適用）	実数+単位
device-width min-device-width max-device-width	出力機器の画面全体の幅 出力機器の画面全体の最小の幅（これ以上で適用） 出力機器の画面全体の最大の幅（これ以下で適用）	実数 + 単位
device-height min-device-height max-device-height	出力機器の画面全体の高さ 出力機器の画面全体の最小の高さ（これ以上で適用） 出力機器の画面全体の最大の高さ（これ以下で適用）	実数 + 単位

参考として，具体的なメディアクエリの記述例を図 9.57 と図 9.58 に示す．それぞれ HTML ファイル内への記述，CSS ファイル内への記述である．

```
<link rel=”stylesheet” media=”screen and (min-width : 900px)”
 href=”styleA.css”>
<link rel=”stylesheet” media=”screen and (min-width : 600px) and (max-width:
900px)” href=”styleB.css”>
<link rel=”stylesheet” media=”screen and (max-device-width : 480px)”
 href=”styleC.css”>
```

図 9.57 HTML ファイル内へ記述するメディアクエリの例.

```
@media screen and (min-width : 900px) {
  #main { float: right; width: 80%; }
  #sub{ float: left; width: 20%; }
  p{ font-size: 13px; }
}

@media screen and (max-device-width : 480px) {
  #main { float: none; width: 90%; }
  #sub { float: none; width: 90%; }
}
```

図 **9.58** CSS ファイル内へ記述するメディアクエリの例.

9.4.9 変形とアニメーション

対応ブラウザは限られているものの，CSS のみでアニメーションが実現できるプロパティが存在する．本節では画像の変形を行うプロパティ，アニメーションを行うプロパティの一部を紹介する．

transform プロパティは，回転・拡大縮小・移動・傾斜を行うことができる．ただし，変化の結果を表示するのみで，変化の過程をアニメーション表示することはできない．transform プロパティに指定できる値を表 9.14 に示す．値はそれぞれの機能に合わせた関数形式になっている．半角スペースで区切り必要なだけ指定できる．値は指定された順番に実行されるため，指定する順序により表示結果が変わる場合もある．このプロパティでボックスの大きさや位置などを変更しても，まわりの要素の配置位置に影響はない．

transform プロパティの使用例を図 9.59〜9.61 に示す．図 9.60 に示す CSS には，すべての transform プロパティに「-webkit-transform」のように接頭辞がついているプロパティも併記されている．これら「-webkit-, -moz-, -ms-, -o-, 」はベンダープレフィックスと呼ばれるものである．現状，transform プロパティを使用するにはベンダープレフィックスをつける必要がある．図 9.61 は transform プロパティの表示結果である．一番上に表示されている「id="sample1"」

表 **9.14** transform プロパティに指定できる値.

値	説明
rotate（角度）	時計回りに回転させる角度を単位（度）つき実数で指定
scale（実数，実数） scaleX（実数），scaleY（実数）	拡大縮小させる倍率を横方向・縦方向の順に指定 それぞれ横方向，縦方向に拡大縮小する倍率を指定
translate（単位つき実数，単位つき実数） translateX（単位つき実数） translateY（単位つき実数）	移動させる距離を右方向・下方向の順に指定 右方向に移動させる距離を指定 下方向に移動させる距離を指定
skew（角度） skewX（角度），skew（角度）	傾斜させる角度を指定 傾斜させる角度をそれぞれ x 軸，y 軸に沿った角度で指定
none	回転・拡大縮小・移動・傾斜をしていない状態にする

```
<!DOCTYPE html>
<html>
<head>
  <meta charset="utf-8">
  <title>transformサンプルページ</title>
  <link rel="stylesheet" href="css/style_transform.css">
</head>
<body>

  <p><img id="sample1" src="img/snow.png" alt="雪だるま"></p>
  <p><img id="sample2" src="img/snow.png" alt="雪だるま"></p>
  <p><img id="sample3" src="img/snow.png" alt="雪だるま"></p>
  <p><img id="sample4" src="img/snow.png" alt="雪だるま"></p>

</body>
</html>
```

図 **9.59** transoform プロパティの使用例 (HTML).

```
body{ background-color: black; margin: 30px 350px; }
img{ width: 240px; height: 230px; }
#sample2{
        -webkit-transform: rotate(45deg);
        -moz-transform: rotate(45deg);
        -ms-transform: rotate(45deg);
        -o-transform: rotate(45deg);
        transform: rotate(45deg);
}

#sample3{
        -webkit-transform: scaleX(3);
        -moz-transform: scaleX(3);
        -ms-transform: scaleX(3);
        -o-transform: scaleX(3);
        transform: scaleX(3);
}

#sample4{
        -webkit-transform: translate(450px, -300px) skew(45deg);
        -moz-transform: translate(450px, -300px) skew(45deg);
        -ms-transform: translate(450px, -300px) skew(45deg);
        -o-transform: translate(450px, -300px) skew(45deg);
        transform: translate(450px, -300px) skew(45deg);
}
```

図 **9.60** transform プロパティの使用例 (CSS).

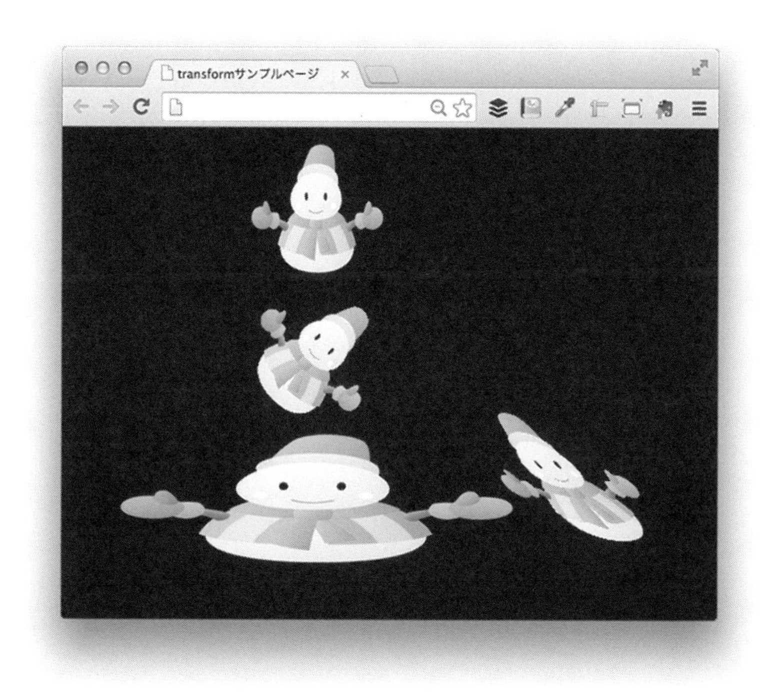

図 9.61 transform プロパティの使用例（ブラウザでの表示）.

の画像は transform プロパティを指定しない表示，sample2 は 45 度回転，sample3 は横方向に 3 倍拡大，sample4 は右・上方向に移動し x 軸に沿って 45 度傾斜させている.

transition-property プロパティ，transition-duration プロパティは，指定した時間をかけてアニメーションのように徐々に変化させるときに使う．transition-property プロパティには，トランジションを適用するプロパティ名を指定する．transition-duration プロパティには変化にかける時間を指定する．transition-property プロパティに指定できる値を表 9.15，transition-duration プロパティに指定できる値を表 9.16 に示す.

表 9.15 transition-property プロパティに指定できる値.

値	説明
プロパティ名	トランジションを適用するプロパティ名をそのまま指定する カンマ区切りで複数指定できる
all	トランジションの適用が可能なすべてのプロパティに適用する
none	トランジションを適用しない

表 9.16 transition-duration プロパティに指定できる値.

値	説明
時間	トランジションの変化にかける時間を単位つきの数値で指定する 単位には「s（秒）」と「ms（ミリ秒）」が指定できる

transition-property プロパティ，transition-duration プロパティを使用した例を図 9.62, 9.63 に示す．図 9.63 の CSS に示すように，これらのプロパティを使用するにはベンダープ

```
<!DOCTYPE html>
<html>
<head>
  <meta charset="utf-8">
  <title>transitionサンプルページ</title>
  <link rel="stylesheet"
href="css/style_transition.css">
</head>
<body>

  <div>
    <img src="img/fish.png" alt="おさかな">
  </div>

</body>
</html>
```

図 **9.62** transition-property プロパティ，transition-duration プロパティの例 (HTML).

```
img{
        margin-top: 100px;
        -webkit-transition-property: transform;
        -webkit-transition-duration: 2s;
        -moz-transition-property: transform;
        -moz-transition-duration: 2s;
        -ms-transition-property: transform;
        -ms-transition-duration: 2s;
        -o-transition-property: transform;
        -o-transition-duration: 2s;
        transition-property: transform;
        transition-duration: 2s;
}

img:hover {
        -webkit-transform: translateX(800px);
        -moz-transform: translateX(800px);
        -ms-transform: translateX(800px);
        -o-transform: translateX(800px);
        transform: translateX(800px);
}
```

図 **9.63** transition-property プロパティ，transition-duration プロパティの例 (CSS).

レフィックスをつける必要がある．図 9.64 はブラウザでの表示である．魚の画像にマウスカーソルを合わせると魚が右方向へ動く．

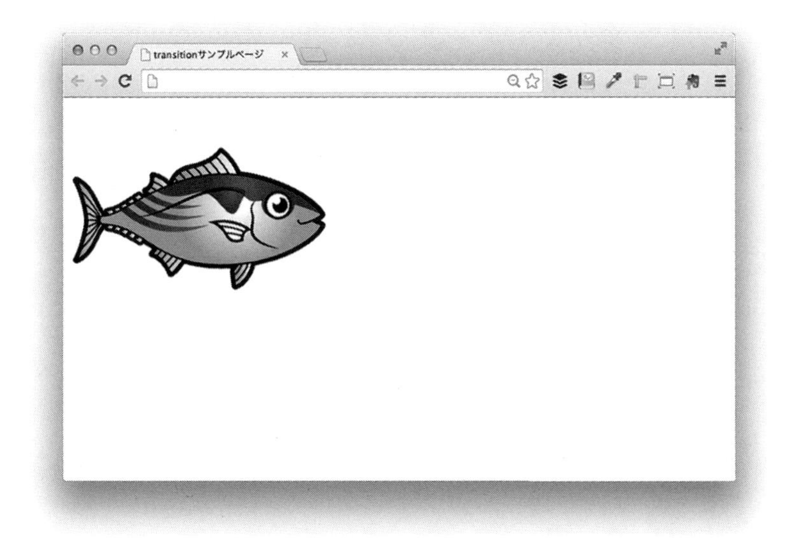

図 9.64 transition-property プロパティ，transition-duration プロパティの例．

9.5 Web システムの中の HTML・CSS

WordPress などの CMS(Contents Management System) は，Web サイトに掲載する文章や画像を管理するためのシステムである．CMS を導入すれば，編集者が HTML や CSS の知識が無くても Web サイトに記事を掲載することができる．加えて，Web サイト全体のレイアウトやメニュー構成，ウィジェットの設置やコメント欄の有無などを簡単な操作で行うことができる．

一方で，CMS を使って記事を作成する際にも多少の HTML の編集が可能である．また，Web サイトの目的により適したデザインにカスタマイズしたい場合には，CSS の編集も可能である．

図 9.65 は，WordPress の記事編集画面である．図に示すように，通常は HTML を意識することなく記事の編集ができる．HTML を確認したい場合は，編集中の記事の右上の「テキスト」(図中の○) をクリックする．すると，編集中の記事は図 9.66 のように表示され，記事の HTML が表示される．この状態であれば，自身で HTML を編集して記事の作成が可能である．ただし，ここで編集できる HTML は，Web サイトに掲載する記事の内容のみである．

WordPress のデザインをカスタマイズしたい場合，ダッシュボードの左メニューから「外観→テーマ編集」を選択する．図 9.67 の編集画面が開く．これは，Web サイトのスタイルシートである．中央の編集エリアを拡大したものを図 9.68 に示す．文字色やフォントサイズなどの指定に，本章で解説してきたようなプロパティが使用されていることがわかる．この画面でCSS を編集し保存することで，より自身の Web サイトの目的に適したスタイルを作成することができる．

図 **9.65** Wordpress の記事編集画面．

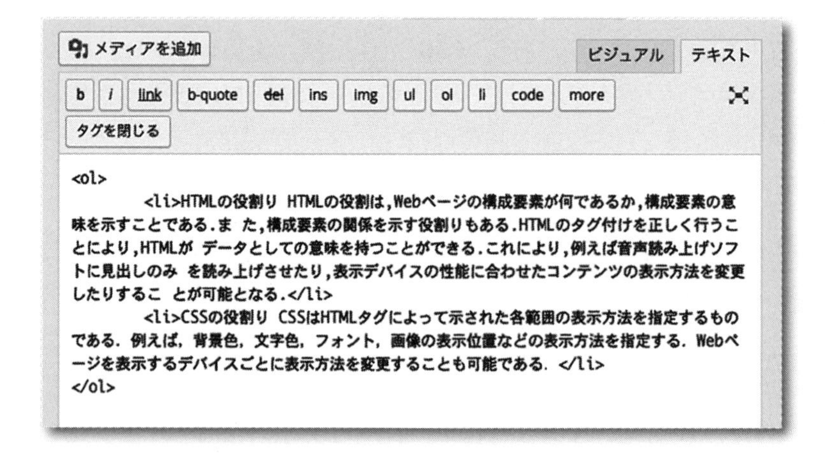

図 **9.66** Wordpress での HTML 編集．

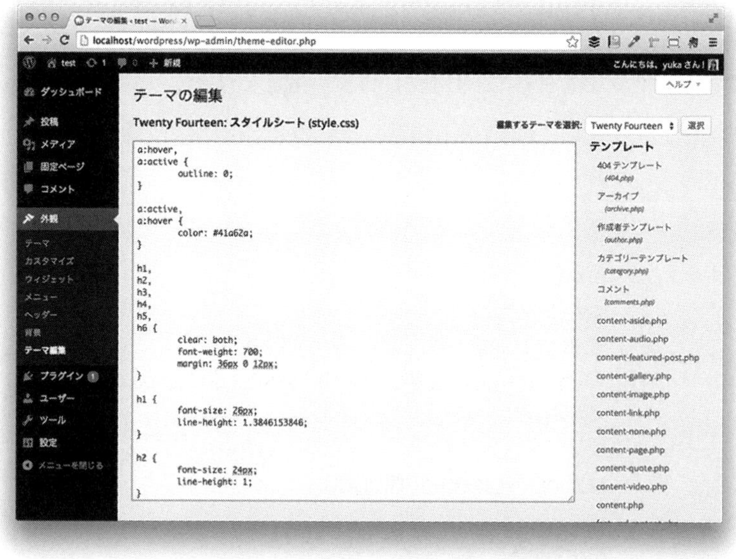
localhost/wordpress/wp-admin/theme-editor.php
テーマの編集
Twenty Fourteen: スタイルシート (style.css)
編集するテーマを選択:
Twenty Fourteen
選択
ヘルプ
こんにちは、yuka さん！
ダッシュボード
投稿
メディア
固定ページ
コメント
外観
テーマ
カスタマイズ
ウィジェット
メニュー
ヘッダー
背景
テーマ編集
プラグイン
ユーザー
ツール
設定
メニューを閉じる
テンプレート
404 テンプレート
アーカイブ
作成者テンプレート
カテゴリーテンプレート
コメント
content-aside.php
content-audio.php
content-featured-post.php
content-gallery.php
content-image.php
content-link.php
content-none.php
content-page.php
content-quote.php
content-video.php
content.php

図 **9.67**　Wordpress のスタイル編集画面.

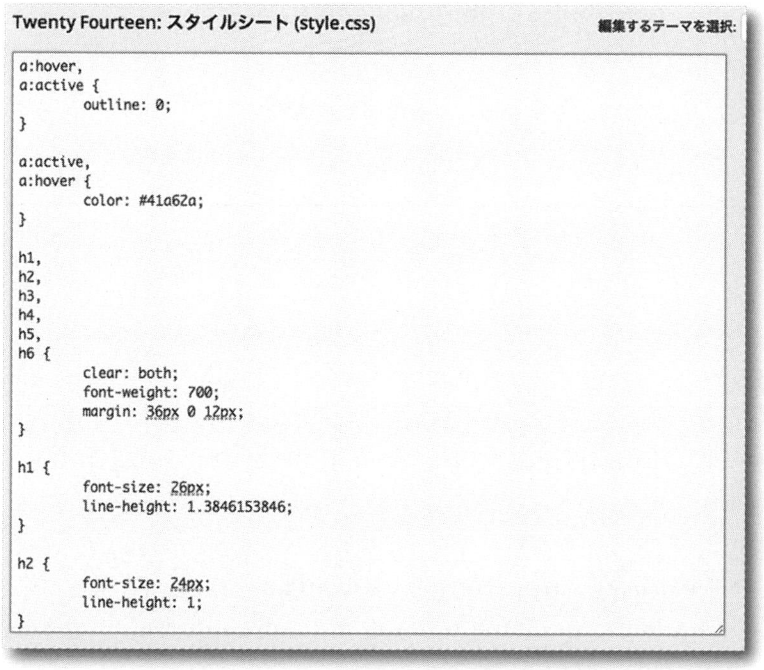
Twenty Fourteen: スタイルシート (style.css)
編集するテーマを選択:
a:hover,
a:active {
outline: 0;
}
a:active,
a:hover {
color: #41a62a;
}
h1,
h2,
h3,
h4,
h5,
h6 {
clear: both;
font-weight: 700;
margin: 36px 0 12px;
}
h1 {
font-size: 26px;
line-height: 1.3846153846;
}
h2 {
font-size: 24px;
line-height: 1;
}

図 **9.68**　Wordpress のスタイル編集画面の拡大.

演習問題

設問 1 第 8 章で作成した HTML に link 要素を使って CSS を適用せよ．そして，HTML の背景色または背景画像を指定せよ．

設問 2 様々なセレクタを使って，HTML に表示指定を行え．

設問 3 HTML ファイルの head 要素内部に下記の style 要素を追記するとボックスを確認できる．実際に追記して確認を試みよ．

```
…
<head>
  <meta charset="utf-8">
  <title>プロフィールのページ</title>
  <link rel="stylesheet" href="css/style1.css">
  <style>
  *{
  outline: 1px solid #ff0000;
  }
  </style>
</head>
<body>
…
```

設問 4 フロートの指定を使って，画像の横に文章を回り込ませる設定を行え．

設問 5 段組みレイアウトの Web ページを作成せよ．

設問 6 transform プロパティを使って画像の変形を行え．

設問 7 transition-property，transition-duration を使って動きをつけよ．

参考文献

[1] 大藤 幹：よくわかる HTML5+CSS3 の教科書，株式会社マイナビ (2013).

[2] 狩野 祐東： スラスラわかる HTML & CSS のきほん, ソフトバンク クリエイティブ株式会社 (2013).

[3] W3G CSS Reference, https://w3g.jp/css/, 2014.8

[4] Web サイト制作者は知っておきたい web サイトのレイアウト 7 選，http://design-spice.com/2011/08/31/web-layout7/，2014.8

第10章 Webシステムをインストールする

□ 学習のポイント

第8, 9章で学んだHTML・CSSがWebの技術的基礎である．しかしながら，現代のWeb制作では，これらのみが用いられることはむしろ少ない．HTML・CSSをあらかじめ具備し，必要に応じて出力するプログラムを用いるケースが増えている．わけても代表的なものは，Webサーバ上で動作するソフトウェアであるシステムである．そこで本章では，この種のWebシステムを使用するためのインストールについて概説し，Webページを出力するシステムについて概要を理解することをめざす．

具体的には以下の項目について，それぞれ概略を理解する．

- Web上で動作するシステムの一種としてのコンテンツ・マネジメント・システム
- コンテンツ・マネジメント・システムの一例のWebサーバ上へのインストール

□ キーワード

Webシステム，コンテンツ・マネジメント・システム，インストール，Webサーバ

10.1 CMSとは

第8，9章で解説してきたのは基本のHTML・CSSによるWebサイトの制作である．しかし，サーバサイド技術の項で解説したとおり，近年のWeb制作ではサーバ上で動くプログラムの活用が一般的になっている．そこで本章では，サーバサイド技術を用いたWeb制作の例として，コンテンツ・マネジメント・システム (CMS: Contents Management System) のインストールについて解説する．CMSとは，Webコンテンツの管理を目的としたシステムであり，Webページを生成する機能の他，サイト制作のための様々な機能を持つ．ポータルサイト，ブログサービス，SNSなどの構築が可能である．多くの種類がパッケージとして販売・配布されており，自分でサーバに設置して利用することができる．

CMSの使用によるメリットはいくつかある．第一に，サイトの作成・管理が容易になり，HTMLを書かなくてもよい．管理上はブラウザがあればサイトを更新でき，複数人で作業を分担しても最新版は常にオンラインのデータとして存在することから，複数人による管理を簡

易に行うことができる．最も大きな特徴は双方向性の機能を容易に使用できることで，自分でユーザにブログや SNS の機能を提供するサービスを作ることも可能である．Web サービスを提供するサイトには不可欠であるといえよう．

CMS のようなサーバ上で動作するソフトウェアは，ソフトウェア自体を構成する言語を習得していなくても使用できる，しかし，動作するサーバや出力する Web ページの言語について知らずに使用すると不便であるし，危険でもある（第 13 章参照）．HTML や CSS，それにサーバについての初歩的な知識がある状態で使用すべきである．また，外見の制御には CSS を用いるが，プログラムによって出力される HTML を前提とするため，自由度が高いとはいいがたい．外見を自由にコントロールし，美しさを追求したい場合には不向きであるといえよう．

Web 制作のプロセスのうち，企画・設計は CMS のようなプログラムを用いていてもいなくても同じである．Web サイトを公開した後の運用も共通する部分が多い．異なるのはコーディングで，CMS を使用する場合，特段のアレンジをしたいといったケースを除き，コードを書かなくても Web サイトを制作することができる．そのために必要な作業は，サーバへの CMS のインストールである．そこで第 13 章ではこのインストールを解説する．

10.2 CMS「WordPress」

WordPress は最もよく使用されている CMS の 1 つで，カスタマイズによって HTML5 の Web ページを生成することも可能である．2001 年から開発され，2003 年から公開されているオープンソース（ソースコードが公開されている）のフリーソフトウェアである．Web ページを作成する基本的な機能の他，様々な拡張機能が存在し，個別に選んで導入することができる．たとえばメールフォームの作成や掲示板の設置などインタラクティブな機能，画像ギャラリーの設置といったコンテンツの見せ方のための機能，セキュリティのための機能，ソーシャルメディア連携や検索エンジン最適化 (SEO: Search Engine Optimization) のための機能などがある．

これらの機能はそれぞれ，WordPress 本体から切り離し可能な部品のような存在であり，プラグインと呼ばれる．プラグインは様々な人によって開発・公開されており，WordPress が公式に認めているものと，そうでないものがある．また，WordPress を用いた Web サイトに対してデザインや表示の変更を提供するテンプレートがある．それらはテーマと呼ばれる．

プラグイン・テーマとともに，WordPress を入手するとデフォルトでついてくる．プラグインの追加やテーマの変更を行いたい場合には操作するが，インストールしただけで初期状態のプラグイン・テーマが適用される．

WordPress のプログラムは PHP で書かれており，データベースの MySQL と連携している．データベースを使用し Web 上で動作するシステムは WordPress に限らず複数あり，図 10.1 のようなイメージで連携・動作する．WordPress およびそのプラグイン・テーマを使用する際に，PHP などプログラミング言語の知識は特に必要ない．データベースの知識については，サーバ管理者に発行してもらう場合は不要であるが，自らサーバを操作する場合にはごく

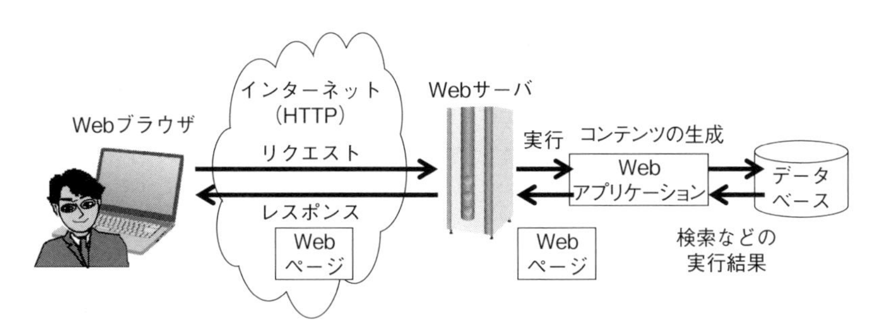

図 10.1 データベース連携イメージ.

初歩的な知識が必要である.

10.2.1 WordPress を入手し，サーバに置く

WordPress を動かすためには一定の要件を満たすサーバ環境が必要である.

本書執筆時点では，PHP バージョン 5.2.4 以上，MySQL バージョン 5.0 以上である．この動作環境情報は公式サイト（https://wordpress.org/ または日本語版サイト https://ja.wordpress.org/）に掲載されている．インストール前に確認し，これをクリアするサーバ環境を準備する.

前項のとおり，WordPress はオープンソースのフリーソフトウェアであり，ダウンロードと使用に費用はかからない.

ダウンロードしたファイルは圧縮されている．これを解凍し，サーバのインストールするフォルダにアップロードする．アップロードに使用するソフトウェアやその操作については，第 12 章を参照されたい.

なお，ダウンロードする WordPress はサーバにアップロードして使用するものであるから，はじめからサーバにダウンロードしてもよい．Linux サーバでのダウンロードコマンドの例を示す．なお，ダウンロードリンクとバージョンは変更されることから，随時最新版の URL を確認する.

```
WordPress を wget でダウンロード
# cd /tmp
# wget https://ja.wordpress.org/wordpress-3.9.2-ja.zip
ダウンロードしたファイルを解凍し，サーバ上のソフトウェアが読み取れる状態に
# tar zxvf wordpress-3.9.2-ja.zip
# cp -r waordpress /var/www/
#chown -R apache. apache /var/www/wordpress
サーバ上のソフトウェアの設定
# cp /etc/httpd/conf/httpd.conf /etc/httpd/conf/httpd.conf.org

#vi /etc/httpd/conf/httpd.conf
DocumentRoot “var/www/wordpress”
<Directory “var/www/wordpress” >
AllowOverride All
設定を反映
```

```
# /etc/init.d/httpd restart
```

サーバ上でこの処理を行った場合と，PC にブラウザ経由でダウンロードしてアップロードした場合の結果は同じで，サーバの指定した箇所に WordPress のデータがインストール可能な状態で置かれた状態である．

10.2.2 WordPress をインストールする

これ以降は，不備がなければブラウザ経由の作業のみとなる．ブラウザで WordPress を設置した URL にアクセスすると，以下のような文言が表示される．

```
wp-config.php がファイルが見つかりません．インストールを開始するには wp-config.php ファイルが必要です．お困りでしたら「wp-config.php の編集」 を参照してください．ウィザード形式で wp-config.php ファイルを作成することもできますが，すべてのサーバーにおいて正常に動作するわけではありません．最も安全な方法は手動でファイルを作成することです．
```

この文言の末尾「設定ファイルを作成する」をクリックすると，インストールが開始される．このとき必要なのがデータベースである．

本章冒頭で説明したように，WordPress はデータベース連携のシステムであり，インストールしようとする WordPress1 つに対して 1 つのデータベースを必要とする．サーバ管理者がサイト管理者を兼ねている場合は自ら発行し，そうでない場合はサーバ管理者に発行してもらう．参考までに，コマンドラインでのデータベース発行の例を示す．なお，註釈などのため本来の表示そのままを示すものではない．

```
$ mysql -u adminusername -p
Enter password:MySQL を使用するためのパスワード
Welcome to the MySQL monitor.  Commands end with ; or \g.
Your MySQL connection id is 5340 to server version: 3.23.54
Type 'help;' or '\h' for help. Type '\c' to clear the buffer.
←  ログイン後に表示されるメッセージ
mysql> CREATE DATABASE databasename;
Query OK, 1 row affected (0.00 sec)  ←  MySQL からの返答
mysql> GRANT ALL PRIVILEGES ON databasename.
データベースの名前 TO "ユーザ名"@"hostname"
    -> IDENTIFIED BY "パスワード";
Query OK, 0 rows affected (0.00 sec)    ←  MySQL からの返答
mysql> FLUSH PRIVILEGES;
Query OK, 0 rows affected (0.00 sec)    ←  MySQL からの返答
mysql> EXIT
Bye
$
```

このデータベースの情報が必要であることが WordPress インストール画面で示される．これを読み，末尾の「さあ，始めましょう！」をクリックすると，入力画面が表示される．ここに入力すべき情報は下の表 10.1 のとおりである．

このユーザ名とパスワードはサーバのそれではなく，これからインストールする WordPress のユーザ名とパスワードであって，インストールする者が任意に決めてよい．

表 **10.1**　データベース入力情報.

WordPress に表示されるメニュー	入力欄に入れるべき情報	備考
データベース名	データベース発行の例において「ユーザ名」として示した部分	
パスワード	データベース発行の例において「パスワード」として示した部分	
データベースのホスト名	原則としてデフォルトで表示されている「localhost」	これで動作しない場合，サーバ管理側からの情報が必要
テーブル接頭辞	原則としてデフォルトで表示されている「wp_」	1 つのデータベースに 1 つの WordPress をインストールしない場合に変更

図 **10.2**　WordPress の管理画面例.

入力を終えたら「WordPress をインストール」をクリックする.

するとサーバサイドでインストールが実行され，ブラウザにログイン画面が表示される．このログイン画面にインストール時に設定したユーザ名・パスワードを入力すると，管理画面にログインすることができる．見え方は環境・バージョンによるが，イメージとして一例を以下に示す．管理画面で「サイトを表示」ボタンを押すと，ユーザ画面が表示される（図 10.2).

なお，コマンドラインを使用しなくても，ボタンを押すといった操作で作業が可能なグラフィカルユーザインターフェース (GUI: Graphical User Interface) でデータベースの作成が可能な「PHPMyAdmin」が入っているサーバや，WordPress の利用を想定し，あらかじめインストールまでがすんだ状態，あるいはその手前のデータベースが発行されている状態で借りることができるレンタルサーバなどもある．サーバ環境を確認のうえ，使用する.

10.3　基本の記事投稿

WordPress での Web サイト制作はこの管理画面から行う．Web ページを作成する機能などがあらかじめついており，記事の投稿といった操作を行って，Web サイトを作りこんでいく.

ここではブログの記事投稿を例に，管理画面と外から見た画面の確認について解説する．

管理画面「投稿」メニューから「新規追加」をクリックすると，記事を新規投稿するための画面が出現する．これにタイトル，記事内容などを書き込んで投稿すればよい．こうした記事投稿などのコンテンツ制作においては HTML・CSS の知識を必要としないことから，管理者がサーバの初歩的な知識や HTML・CSS の知識を持っていれば，その他，記事などを書く人員は技術的な知識がほとんどなくても Web サイトのコンテンツ制作に加わることができる．

記事投稿などでコンテンツを作成した後，管理画面ではなく，ゲストがブラウザでアクセスして見る画面の様子を確認する際には，管理画面左上のサイト名にマウスカーソルを置く．「サイトを表示」というメニューが表示されるので，これをクリックすると，外から見た状態を確認することができる．

このように CMS を用いた Web 制作は，外見などの制限が多い反面，大変手軽である．

10.3.1 WordPress の機能選択

10.2 節「CMS『WordPress』」で説明したとおり，WordPress はプラグインと呼ばれる機能を組み合わせ，制作したい Web サイトに必要な状態に調整する．プラグインは個人が開発することも可能であり，世界中で様々なプラグインが公開されている．それらの安全性や性能はユーザが判断する．公式サイトに紹介されているものから選ぶと無難である．

どのプラグインが必要か判断するため，まずは構築するサイトの目的に必要な機能がインストールしたての WordPress にあるかをチェックする．インストールしたての WordPress には入っていない機能も多数ある．また，すでに入っているプラグインもあるが，オン／オフを選択できるようになっている．必要に応じて有効化する．利用可能なプラグインは常時変化しており，数千にも及ぶ．WordPress 本体をインストールした状態ですでに入っている（デフォルト）か否かはバージョンなどによるが，表 10.2 に例を示す．

表 10.2 プラグイン例一覧．

名前	機能	インストール状態
Akismet	投稿記事へのコメントをスパムかどうか判定	デフォルト
Hello Dolly	プラグイン管理画面以外の管理パネルの右上に「ハロー・ドリー」からの歌詞をランダムに表示	デフォルト
Meteor Slides	写真などのスライドショー	要インストール
Well Cart	Web ショップの買い物かご機能	要インストール

プラグインの追加は Wordpress 管理画面から行う．管理画面「プラグイン」の「新規追加」から，使用したいプラグインの名称を検索する．表示される検索結果から目当てのプラグインを見つけたら，プラグイン名の横に表示されている「今すぐインストール」をクリックする．確認ボタンで OK を押すとそのプラグインがダウンロードされ，自動で WordPress に組み込まれる．インストールイメージを図 10.3 に示す．

先に，プレインストールのプラグインは必要に応じて有効化すると説明した．後からインス

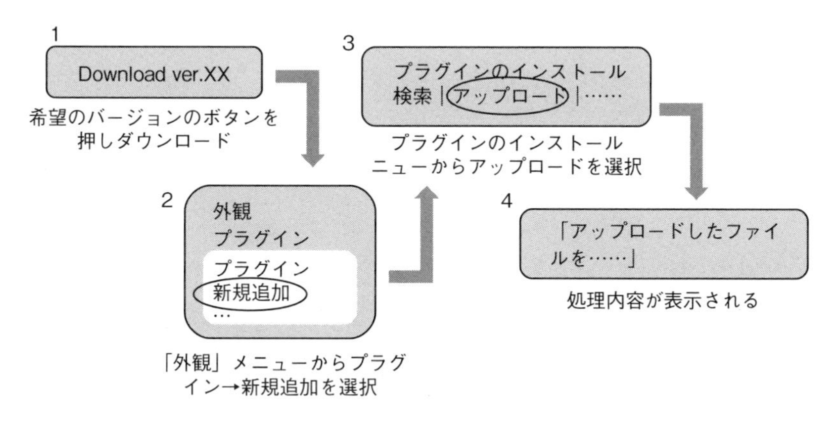

図 **10.3** プラグインインストールのイメージ.

トールしたプラグインについても同様で，インストールの後有効化することで使用可能な状態になる．管理画面「プラグイン」から「インストール済みプラグイン」メニューをクリックすると，WordPress で使用できるプラグインの一覧が表示される．

図 10.3 のとおり，有効化されていないプラグインには「有効化」「編集」「削除」のリンクが表示される．有効化したいプラグインの「有効化」リンクをクリックする．

基本的なプラグイン追加の手順は以上のとおりだが，プラグインはいろいろな人が作成し公開するものであるから，使用時に登録やキー入力を求めるケースも存在する．各種フリーソフトウェアの使用と同様，使用にあたって制作者が求めている内容を理解し，問題なければその手続きを行う．多くのプラグインでは，管理画面から容易に新しい記事などのコンテンツを投稿できるようになっており，これを用いて Web サイトのコンテンツを作成する．

プラグインは PHP の知識があれば自ら制作することも可能である．ゼロから制作するのではなく，一部を書き換えてカスタマイズするといった使い方もあり，Web 上で情報が公開されている．

10.3.2 ユーザの管理

WordPress のような CMS は複数人によるブログの管理に有効であることはすでに述べた．WordPress そのものに複数のユーザを設定し，分担などして Web サイト制作を行うことができるのである．そのためのユーザ作成について述べる．

管理画面にログインし，左側メニューの中の「ユーザー」メニューから，「ユーザー一覧」をクリックする．ここに登録されているユーザが表示されるが，インストール直後は当然，管理者 1 名である．

ここに新しいユーザを追加する．「ユーザー」メニューの中にある「新規追加」をクリックすると，「新規ユーザーを追加」画面が表示される．新しいユーザのユーザ名・メールアドレス・パスワードを入力，必要に応じて任意の項目も入力する．その後，権限グループ」で，追加するユーザの権限を選択する．

ユーザの権限は，すべての管理機能を実行できる管理者をはじめ，いくつかの段階に区切られている．Webサイト制作の体制に合わせて権限を設定する．たとえばすべての管理権限を実行できる「管理者」は制作チームのリーダーのみにする，といった区別をすることにより，適切に制作管理をすることができる．また，ブログなどに記事を投稿できる「投稿者」などを設定し，会員制のWebサイトを運営するといったことも，この権限設定によって可能となる．

10.3.3 WordPressのテーマ変更

WordPressにはテーマと呼ばれるテンプレートによって外見などをコントロールすることができる機能が備えられている．多くの種類のテーマが制作され，提供されている．このテーマの正体はWordPressで出力したWebページに適用するためのCSSや画像などのセットである．無償で使用可能なテーマもたくさんあり，好みのテーマを選んでかんたんに外見を変更することができる．また，CSSを理解し，テーマのディレクトリ構造を把握すれば，カスタマイズしたり，自分で制作したりといったアレンジが可能になる．

テーマを探すには，単純にキーワード「WordPress」，「テーマ」などで検索する方法の他，WordPressのテーマをまとめたサイトなども存在する．あらかじめ使用したいテーマを見つけておき，細部を確認してからWordPressに適用するとよい．

適用するテーマが決まったら管理画面にログインする．「外観」メニューの「ウィジェット」を選択すると，新しい画面が開くので，そこで「テーマのインストール」をクリックする．この部分の要領はプラグインと同様である．　表示されるインストール画面にキーワードを打ち込んでテーマを検索する．あらかじめブラウザで検索して見つけておけば，ここでは名称を入力するだけでよい．その場で調べることもでき，たとえば「simple」という具合に，テーマの特徴を入れて検索する．

テーマを選択すると，プレビュー・インストールのリンクが用意されている．プレビューで確認すると，WordPressで使用したときの感じがよくわかる．使うと決めたら「インストール」をクリックする．　ダウンロード，インストールはプラグインのインストール時と同様，自動で進行する．インストールしたテーマは，サーバ上の「wordpress」フォルダの「themes」の中に格納される．

演習問題

設問1 WordPressのプログラムを入手し，Webサーバ上にインストールせよ．

設問2 WordPress以外にWebページを自動で生成するシステムにはどのようなものがあるか，検索して調べよ．

参考文献

[1] WordPress日本語：https://ja.wordpress.org/

第3部　Webサイトの運営

第11章 Webサイト公開の準備をする

□ 学習のポイント

第3部では，制作したWebサイトの運用を扱う． Webサイトはその性質から，ほとんどが更新を前提とする． Webサイトとしてねらった役割を果たすことができるか否かは初期状態の制作物のみで決まるのではなく，更新（コンテンツの拡充，サイトの改善）にも大きく依存する．また，ユーザの動向を知る方法も一般化し，改善に生かすことが可能になった．

そこでこの第11章では，公開のための準備として，コンテンツの公開にあたっての準備を取り扱う，具体的には以下の項目を学ぶ．

- コンテンツをアップロードする前に，ローカル環境でチェックする
- Webサーバを使用してWebサイトをアップロードし，運営するための最低限のサーバの知識を得る
- Web上で動作するシステムを使用する場合に必要となるデータベースについて基本的な知識を得る

□ キーワード

オープンソース，プラグイン，データベース発行， GUI，ユーザの管理， MySQL

11.1 コンテンツチェック

公開されているWebサイトのデータはサーバ上に存在する．第10章で扱ったWebシステムを使用する場合はサーバ上にシステムをインストールし，操作するが，PC上でHTML・CSSのファイルを作成した場合はアップロードして公開状態にする．本章ではまず，PCからwebサイトのデータをアップロードする基本的な操作を前提としてサーバ操作の基礎について解説し，その内容を前提として，Webシステムを使用する際に必要な操作を扱う．

その前に，コンテンツのチェックについて言及する．アップロード前にコンテンツを一通りブラウザで閲覧し，確認するとよい．リンクが機能するか，ナビゲーションは適切か，動画などの再生に問題はないか，など，ユーザの立場に立って閲覧する．チームで制作する規模の大きなビジネスレベルのサイトであれば，立てた企画にふさわしい内容であるか，デザインは予

定していたとおりに表現されているか，文言に問題となる部分はないか，といったチェックがこれに加わる．

11.2 サーバを利用するための準備

Web サイト管理者は必ずしもサーバ管理全体に習熟していなくてもよい．最低限必要なものは，自分が使用するサーバ上のスペースについての理解，サイトデータのアップロードと削除のための操作方法，それに公開範囲の設定のための操作方法である．

サーバを使用する際の選択肢は 2 つである．第一に，自分が管理権限を有するサーバの一部を Web サイト用として使用する方法がある．この場合，サーバ管理者と Web サイト管理者が一致する．第二に，他者の管理するサーバの一部の利用権限を得て使用する方法がある．企業や学校などの組織，あるいはレンタルサーバの一部を借りるケースがこれにあたる．後者が多数派であり，前者の場合は本章での解説は不要であることから，以下，サーバの一部を使用することを前提とする．また，サーバ OS にはいくつかの種類があるが，ここでは最大多数派である UNIX 系をベースにキャプチャ画像などを示す（原理原則は別系統のサーバでも同じである）．

サーバをマンションのような集合住宅ととらえ，部屋を借りることを想像していただきたい．借りた者には借りた部屋の使用権限があるが，他の部屋には入ることができない．マンションのルールに従う必要があり，マンション全体を管理する管理人はすべての部屋の鍵を持っている．

このとき，マンションの住所にあたるのが IP アドレスもしくはドメイン名，部屋の鍵にあたるのがユーザ名とパスワードである．住所がわかり，入居の契約をして鍵を持っていれば引っ越しの作業が可能になる．すなわち，Web サイトのデータをアップロードすることができるのである．

IP アドレスとはインターネット・プロトコルでデータの送受信を行う機器の識別番号である．インターネット上の住所ととらえてよい．0 から 255 までの数字を 4 組使い，間を「.」で区切って表記する．たとえば，

```
211.10.14.129
```

である．各組の最大が 255 であるから，1 桁も 2 桁もありえる．その場合は数字の入らない桁に 0 をつける必要はない．この数字を「http://」の下につけ，ブラウザでアクセスすると，ここで公開されている Web ページを閲覧することができる．
しかし，通常，この IP アドレスをそのままアクセスに使用することは少ない．アルファベットで何らかの名前がついた URL がよく使用される．IP アドレスに相当する部分に名前がついているのである．この名前をドメイン名といい，使用のための手続きを踏んで IP アドレスと対応させると，IP アドレスと同じく「住所」として使えるようになる．たとえば，先の IP アドレスの例は，以下のドメイン名に対応している．

```
cyber-u.ac.jp
```

したがって，ブラウザからのアクセスの際には以下の 2 つが Web 上の同一の場所を指すことになる．

```
http://211.10.14.129
http://www.cyber-u.ac.jp
```

Web サイトのアップロードの際には，まずこの IP アドレスまたはドメイン名が必要となる．続いて「マンションの部屋の鍵」を入手する．アカウント名とパスワードである．これはサーバ管理者が発行する．いずれもアルファベットと数字である．加えてポート番号を確認する．ポート番号とは，コンピュータ（この場合はデータをアップロードしたい PC とサーバ）がデータ通信を行う際，通信先のプログラムを特定するための番号である．アップロードの際に使用するプロトコル FTP・SFTP（次節で解説）について，サーバ側で割り当てている．とはいえ，すべてのサーバ管理者がばらばらの番号を指定しているのではない．よく使用される番号があり，たいていはそれで通る．FTP では TCP/20 がよく使用される．

IP アドレスまたは URL とアカウント名・パスワード，それにポート番号が揃えば，サーバにアクセスすることができる．

11.3 アップロードの通信方法とツール

アップロードにはファイル転送用のプロトコルを使用する．FTP(File Transfer Protocol) である．インターネット・プロトコルである TCP/IP 群のうちの 1 つで，その名のとおりファイルを送受信するためのプロトコルである．通信をよりセキュアに行うためには，送受信するファイルのデータを暗号化するほうがよい．暗号化のための機能を持つファイル転送プロトコルは SFTP(SSH File Transfer Protocol) という．FTP では通信内容が平文であって，傍受された場合などにはそのまま読むことができてしまう．それを防ぐのが暗号化である．ネットワークを流れている段階では暗号化されていることから，このデータだけでは通信内容を把握することができない．届いたところで復号されて元の状態に戻る．本書ではこの SFTP の使用を推奨する．

図 11.1 のようなコマンドラインを使用すると，サーバについてのすべての操作を行うことができる．

コマンドラインの操作は慣れると便利で早いが，CUI（文字によるインターフェース）は初学者にはとっつきにくい．Web サイト管理のみにサーバを使用する場合，アップロードのためのアプリケーション（FTP クライアントまたは SFTP クライアント）を用いると，直感的に操作することができる．SFTP が可能なアップロードツールは複数存在する．サーバにアクセスする環境などによって好みのものを選ぶとよい．

11.4 文字コードとは

Web サイト管理者として，アップロードの前にもう 1 つ押さえておくべき概念がある．文字

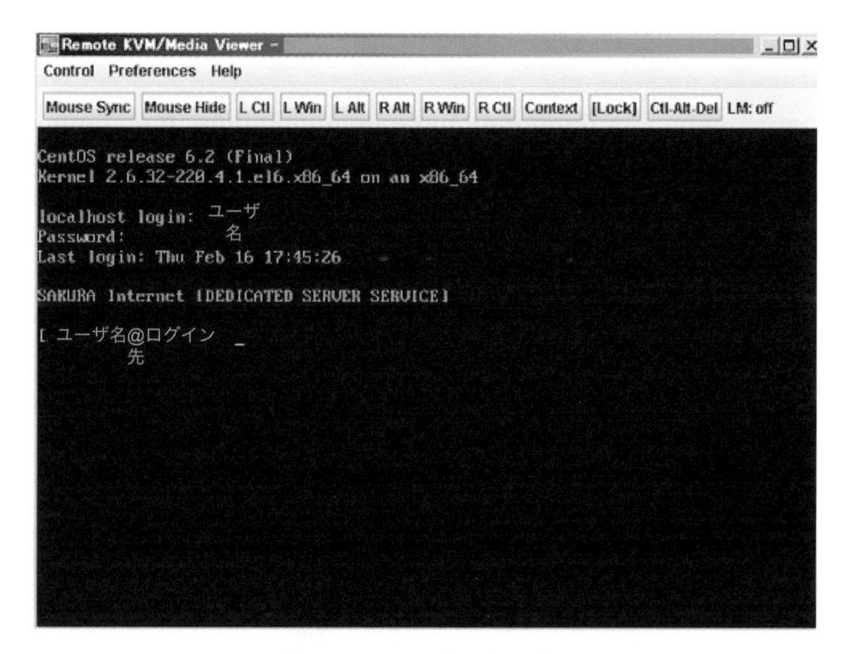

図 11.1 コマンドラインの例.

コードである.

文字コードとは，コンピュータ上で文字を表すために割り当てられた数値と，文字の対応体系を意味する．特定の数字に特定の文字が割り当てられた暗号表のようなイメージでとらえるとよい．たとえば，1 は「あ」2 は「い」という具合である（ただし，コンピュータの扱う数字は 2 進法であるから，実際には 0 と 1 の並びである）．コンピュータはすべてを数字で表しているので，文字をデータとして扱うために，そうした対応体系が必要になる．

アルファベットなど，文字数の少ない言語であれば，数字との対応表もさほど複雑にならずにすむ．数字のパターンが少ないことから，わずかな桁数の数字で対応表を作ることができるためである．

ところが，日本語の文字数はアルファベットの比ではない．ひらがなやカタカナに加え，漢字が非常に多いのである．ひらがな，カタカナ，記号と常用漢字だけで二千数百文字になる．名前などで用いる漢字や記号などを加えるとさらに数は増える（そのため，日本語の文字コード表の例をここに示すことはできない）．数は増えても「文字を数字に対応させる」という原理は同じで，数字と文字をセットにする．つまり，日本語など文字数の多い言語の文字コードはその分たくさんの組合せパターンを必要とするのである．

0 と 1 の 1 セット，すなわち 2 進法の 1 桁で表す情報を 1 ビットと呼ぶ．この 8 セット分，8 ビットを 1 バイトと呼ぶ．0 と 1 が 8 個並んでいる状態である．これによって表すことのできるパターンは，0 から 255 までである．00000000 が 0 で，11111111 が 255 である．表現できる数は 256 種類である．つまり，文字の種類が 256 種類以内であれば，8 ビットで表すことができる．これを 1 バイト文字と呼ぶ．前述のように，日本語の文字数にとって，これではとても足りない．2 倍の 16 ビットを使う．表現可能なパターンは 2 乗になるので，65536 種類である．これを 2 バイト文字と呼ぶ．

さて，この文字コードは，文字の種類あるいは言語ごとに異なるコードセットを必要とする．また，1 つの言語にも複数の文字コードがある場合があり，日本語もそうである．同じ日本語の「あ」という文字であっても，ある文字コードと別の文字コードでは割り当てている数字が異なるのである．かつてはコンピュータの機種ごとに各メーカーが開発した異なる文字コードが使われていたという歴史的経緯による．現在の日本語では，Shift-JIS，EUC-JP，UTF-8 といった文字コードがよく使用されている．

コンピュータが文字を扱うためには，必ず文字コードを用いなければならない．すなわち，PC で作成するデータであっても，サーバ上にあるデータであっても，文字が書かれているすべてのファイルに文字コードがある．HTML ファイルにも，それを作成した文字コードが存在するのである．

ファイルを読み取るとき，送信側と受信側が異なる文字コードを用いたらどうなるであろうか．本来は対応関係にない文字列をあてはめてしまうので，受信側には意味不明の文字列が表示されることになる．この現象が「文字化け」である．Web サイトを閲覧していて，日本語の文字であるが意味不明の文字列に遭遇したことはないだろうか．これはブラウザが Web ページで使用されているのとは異なる文字コードを用いたことによるものである．ブラウザが Web ページの日本語を正しく表示している状態で別の文字コードを指定すると，たとえば以下のように変化してしまう．矢印マークの前が正しい文字コードで読んだ状態，後ろが同じ文字列を誤った文字コードで読んだ状態である（図 11.2）．

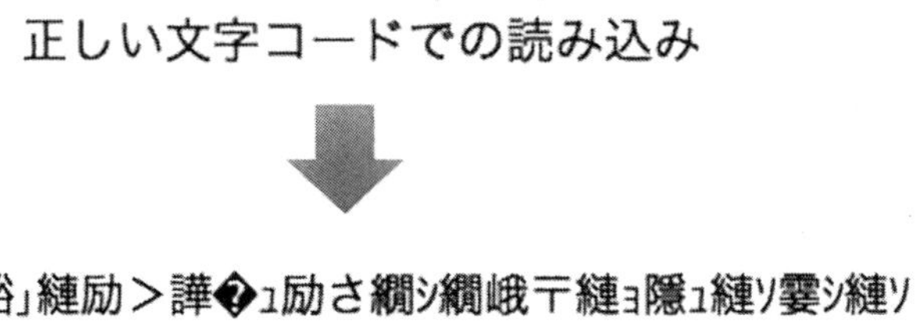
正しい文字コードでの読み込み
縲縲豁｣縺励＞譁�ｭ励さ繝ｼ繝峨〒縺ｮ隱ｭ縺ｿ霎ｼ縺ｿ

図 11.2　誤った文字コードを指定して表示した例．

11.5　文字コードの変換

ブラウザに正しく HTML ファイルの文字コードを読み込んでもらうためには，HTML タグで文字コードを明記しておくのがよい．

以下，サーバ側が EUC-JP という文字コード，作成した HTML ファイルは Shift-JIS という文字コードであったと仮定して，HTML タグによる文字コード指定と，ファイルの文字コード変換について説明する．

HTML タグによる指定は meta 要素によって行う．head 要素の中に meta 要素を入れ，文字コードを指定する charaset という属性によって文字コードを指定する．EUC-JP という文字コードを指定している例を示す．

```
<meta charaset="EUC-JP">
```

この head 要素の中の meta 要素は，文字コードのみならず，コンテンツのタイプなどを指定する場所で，そのための属性とともに書かれることが一般的である．

なお，Web ページの作成をある程度自動で行うエディタなどを用いた場合，すでにこの meta 要素が入っている．その場合，該当部分の名称を書き換える．以下に例を示す．先の EUC-JP から UTF-8 という文字コードに変換している．

```
<meta charset="UTF-8">
```

Web ページの数が多くなると，この書き換えにも手間がかかる．その際はファイルを横断して文字列を一括置換するソフトウェアを用いて処理するとよい．

続いて，ファイルそのものの文字コードを変更する．HTML エディタなどを用いており，保存する際に文字コードを指定できる場合，指定し直して保存する．すると新しく保存したファイルは指定の文字コードに変更されている．大量のファイルを一度に変換したい場合，文字コード変換専門のツールも，フリーソフトウェアを含めて存在する．

なお，フリーソフトウェアの使用に際しては，不具合対応などが商用プログラムとは異なり制作者の任意であるといった特徴を理解し，悪意のあるプログラムがフリーソフトウェアとして提示されている可能性について考慮し，そのソフトウェアが信頼できるかどうか情報を収集し自己判断することが求められる．

以上でアップロード前の準備は完了である．

11.6 Web システムのプログラムの利用

ここまではベーシックな，すべての Web サイト管理者に求められる準備について述べた．ここからは第 10 章で紹介したような Web システムを使用する際に求められるサーバ操作について述べる．例としては第 10 章と同様に，CMS の 1 つである WordPress を用いる．手順としてはまず，WordPress のプログラムを入手する．それをサーバ上のしかるべきところに展開する．すると，第 10 章の冒頭にあたるインストール可能な状態のデータができあがる．本章で解説してきた操作に加え，Web システムが用いるデータベースの操作と Web システム側の設定が必要となる．

WordPress はオープンソースである．プログラムは頒布元からダウンロードして使用する．WordPress にはオリジナルの英語版をはじめ，様々な言語に対応したバージョンがあるが，ここでは日本語版を対象として流れを解説する．

WordPress のような Web システムを使用する際にも，サーバ上の領域が必要であること，その領域のアカウント名 (ID)・パスワード・ポート番号の情報が必要であり，FTP を使用することに変わりはない．加えて，サーバがその Web システム（この場合は WordPress）の動作要件を満たしていることを確認する．例として使用している WordPress バージョン 4.0 の場合，PHP バージョン 5.2.4 以上，MySQL バージョン 5.0 以上が要件として示されている．

PHP とは，動的に HTML データを生成するために開発されたプログラミング言語とその処理系で，サーバ上で動作する．HTML データ生成のための言語であるから，多くの Web システムがこの言語で書かれている．WordPress もその 1 つで，プログラムのデータを見ると「.php」というファイルでできていることがわかる．MySQL はサーバ上で動作するデータベース管理システムの 1 つで，同種のものの中では最もよく普及している．WordPress は PHP プログラムが MySQL で管理されるデータベースと連動して動作するソフトウェアである．

類似する Web システムの多くも，そのシステムのプログラムを書くために使用された言語（WordPress の場合は PHP）の動作環境とデータベース（WordPress の場合は MySQL）を必要とする．レンタルサーバや企業などの団体で提供されるサーバであればたいてい，あらかじめ利用者向けに示されている．PHP や MySQL は非常によく使用されることから，レンタルなどで提供されるサーバの多くは条件を満たしていると推測される．

さらに，WordPress を使用するにあたり，コマンドライン操作をあまりせずにすむサーバソフトウェア・phpMyAdmin が入っていれば，データベースの操作も GUI で行うことができる．なお，これがなくてもコマンドラインの操作によってデータベースを操作し WordPress を使用することができる．本書では次項で両方の操作方法を解説する．

これらの環境確認を終えたら，PC のブラウザから頒布元のサイトにアクセスし，WordPress パッケージをダウンロード，解凍する．PC にダウンロードしたデータを編集して必要な処理をすませてからアップロードするのである．PC を経由せず，頒布元から自分が使用するサーバに直接ダウンロードし，サーバ上にあるデータを編集して設定することも可能であるが，その場合はコマンドライン操作が必要である．ここではそれを使用しない方法として，自分の PC にダウンロードした WordPress パッケージに設定を施してからアップロードする方法を紹介する．

11.7 データベースの基本操作

前項での説明のとおり，WordPress はデータベースと連携して動作する Web システムである．WordPress に限らず，データベース連携の Web システムは近年よく普及し，Web サイト制作に用いられることも多い．したがって，Web サイトを制作・管理する者も，基本的なデータベース操作を身につけておくことが好ましい．とはいえ，必要な操作はとても少なく，容易である．データベース管理システムは，ユーザを作成し，データベースを発行し，ユーザにデータベースの権限を与える機能を持つ．WordPress の場合，1 つのデータベースを作成し，その権限を 1 名のユーザに与えればよい．

サーバに phpMyAdmin がインストールされている場合，それを使用して WordPress 用のデータベースとのユーザを作成する．phpMyAdmin とは，PHP で実装された MySQL の管理ツールである．操作はブラウザ経由で行う．詳細はバージョンによってわずかに異なるが，phpMyAdmin 2.6.0 を例に手順を述べる．

まず，WordPress データベースの名前を決める．名前を新規データベース作成フィールドに入力し，作成をクリックするとデータベースが作成される．ホームアイコンをクリックしてメインページに戻ったら，同様の手順でユーザを作成しパスワードを決める．このユーザに，先ほど作成したデータベースの権限を付与すれば完了である．一連の操作はすべて GUI で行うことができる．

なお，phpMyAdmin が入っていないサーバでは，コマンドラインの操作によってこれを行う．以下，ステップごとに構文を示す．$ はコマンドプロンプト，「mysql>」の後に書かれた部分が操作する際に入力するコマンド，それ以外は MySQL 側の返答である．斜線は入力内容を説明したもので，実際には画面に出ない．

まずはコマンドで MySQL に接続する．このとき，MySQL のユーザ名とパスワードが必要である．

```
$ mysql -u MySQLのユーザ名 -p
Enter password:   MySQLのパスワード
Welcome to the MySQL monitor.  Commands end with ; or \g.
Your MySQL connection id is 5340 to server version: 3.23.54

Type 'help;' or '\h' for help. Type '\c' to clear the buffer.
```

続いて，データベースを作成する．

```
mysql> CREATE DATABASE 作成するデータベースの名前
Query OK, 1 row affected (0.00 sec)
```

正常に動作すると，MySQL 側からは「Query OK」と返ってくる．クエリとは，MySQL のようなデータベース管理システムに処理を要求する際に使用する文字列を指す．この場合は「CREATE DATABASE」，すなわちデータベース作成要求である．次に，作成したデータベースを操作する権限を付与する．WordPress 用のデータベースについて，指定のユーザにすべての権限を与えることを意味するクエリを入力する．

```
mysql> GRANT ALL PRIVILEGES ON 作成したデータベースの名前.* TO "ユーザ名"@"ホスト名（通
常は「localhost」）"
    -> IDENTIFIED BY "パスワード";
Query OK, 0 rows affected (0.00 sec)
```

新しく作成したデータベースをサーバに読みこませるためのクエリを入力する．

```
mysql> FLUSH PRIVILEGES;
Query OK, 0 rows affected (0.01 sec)
```

MySQL の操作を終了する．

```
mysql> EXIT
Bye
$
```

以上である．

WordPress のような Web システムでは，それを使用するためのデータベースとそのユーザを作成しユーザに権限を与えておけば，後はシステム側で処理される．そのため，サイト管理者が覚えておくべき最低限のデータベース操作は，この程度の簡潔なものである．

データベースとユーザのセットは WordPress1 つに対して 1 セット必要である．WordPress を使用したサイトを同一サーバで複数運営する場合，サイトの数だけ同じデータベースとユーザを作成する．

11.8 Web システム側の設定

Web システム用のデータベースができた状態であるが，WordPress 側にとって，それが自分のためのものであると判断する情報がない．そこで WordPress 側の特定のファイルにデータベースについての情報を書き込む．それにより，指定したデータベースと連動することができるようになる．情報を書き込む対象は，wp-config.php というファイルである．

WordPress のパッケージから，wp-config-sample.php というファイルを探す．そしてファイル名を「wp-config.php」に変更する（このような操作も多くの FTP クライアントで可能である）．名前を変更した wp-config.php ファイルをメモ帳などのテキストエディタで開き，以下のコメントを探す．

```
// ** MySQL 設定 - こちらの情報はホスティング先から入手してください． ** //
```

このコメントの下が，先ほど作成したデータベースについて書く部分である．この情報を通じて WordPress が MySQL を操作する．

```
DB_NAME     WordPress 用のデータベース名
DB_USER     WordPress 用のユーザー名
DB_PASSWORD    WordPress ユーザー用のパスワード
DB_HOST    ホスト名（通常は localhost）
DB_CHARSET    データベースの文字コードセット  通常は変更しない
DB_COLLATE   データベース照合．通常空欄にしておく
```

書きこんだら，ファイルを保存する．

この段階で，どこに WordPress を表示させるかを決める．自分が使用するサーバ上のスペースの一番上の階層に置くのであれば，アップロード先は public_html 直下である．それ以下の階層にしたいのであれば，先にディレクトリを作成する．

場所を決めたら，html ファイルを直接アップロードするとき（第 12 章参照）と同様に，FTP クライアントを用いてサーバにログインする．解凍した WordPress のパッケージを public_html の直下など，Web システムを使用したサイトを制作したい場所にアップロードする．アップ

ロード操作自体はhtml ファイルの場合と同一である．アップロードの対象は，wordpress ディレクトリの中身のすべてである（フォルダは含まない）．

11.9 Web システムインストールプログラムの実行

以上の作業で，WordPress のデータがデータベースと結びつけられて Web 上に存在する状態になった．その中にインストールのためのプログラムがあり，以後の操作はブラウザでそのプログラムにアクセスして行う．URL はアップロード先の下の，「/wp-admin/install.php」である．

```
http://サーバの IP アドレス/自分のためのスペース/wp-admin/install.php
```

このプログラムにアクセスすると，システムは先ほど編集した wp-config.php にアクセスする．システムが wp-config.php を見つけることができないと，その旨のメッセージが表示される．その場合は前項の設定を見直す．インストールのためのプログラムが動作すると，データベース情報を求められるので，入力する．詳細は第 10 章を参照されたい．

次の画面で，この Web システムを用いて作成するサイトの情報を入力する．サイト名，ユーザ名，パスワード，メールアドレスの入力が求められる．このユーザ名やパスワードはあくまでサイトのためのものであり，データベースのユーザ名・パスワードとは別のものである．また，Google などの検索エンジンに表示させるかといった設定もこのインストール時に出てくるが，いずれも後から変更することが可能である．

このインストールプログラムの実行中にデータベースに関するエラーが生じることがある．その場合は wp-config.php に入力されている情報が誤っている可能性があることから，作成したデータベースとユーザの情報を確認する．データベース名が正しく，ユーザにそこにアクセスする権限が付与されていなければ，WordPress はそのデータベースを使用することができない．問題なく動作し，インストール終了画面が出れば，10 章の例のように Web システムを使用することが可能な状態になる．

データベースエラー以外のインストール時のトラブルとしては，インストールのためのプログラムにブラウザでアクセスすると正常に表示されない，「Headers already sent」などのエラーが表示される，といったパターンがありうる．これらは wp-config.php を編集したときにミスをすると生じるもので，php ファイルを書き換えたときに正しく書かなかったためにプログラムが動作していない状態である．したがって，こうしたトラブルの際には，wp-config.php の編集に戻り，やり直すとよい．

なお，レンタルサーバなどを利用すると，すでに Web システムがインストールされていて利用可能な場合や，アップロードをする必要もなくボタン 1 つでインストールできるツールが入っている場合がある．前述の作業がすでにすんでいる，またはその作業を自動で実行するツールが提供されているというケースである．これらの場合も WordPress など Web システム自体が異なるわけではないので，そのまま第 10 章の例のように使用して問題ない．

演習問題

設問 1 Web サイト一般について，コンテンツチェックには具体的にどのような項目がありうるか，文字・画像・映像のそれぞれについて，リストアップせよ．

設問 2 サーバ上で MySQL を操作し，新しいデータベースを作成せよ．

参考文献

[1] MySQL: The World's Most Popular Database. http://www.mysql.com/

[2] 矢野 啓介：プログラマのための文字コード技術入門 (WEB・DB PRESS plus)，技術評論社 (2010).

第12章 Webサイトを公開する

□ 学習のポイント

本章では，Webサイトの公開の手順について解説する．制作したWebサイトは多くの場合，不特定多数の閲覧ができる状態に公開する．公開にあたっては，そのための技術的な知識とともに，公開して問題ないか，適切な管理のためにどうすればよいかといった問題もかかわる．そこで，公開にあたって必要な準備，公開先への接続方法，そのために必要な情報，管理のための権限とその一般的な使い方などについての知識の獲得をめざす．具体的には，以下の内容を学習する．

- パスとURLを理解する
- クライアント・サーバ間のデータのやり取り（アップロード作業）を把握する
- パーミッション，HTTPステータスコードについて理解する

□ キーワード

コンテンツ，パス，URL，クライアント，サーバ，パーミッション，HTTPステータスコード，クロスブラウザ

12.1 Webサイトを公開するということ

第11章の準備を終えたら，アップロード作業に移る．このとき，まず制作したWebサイトのコンテンツをチェックする．Webサイトを公開するということは，当然ながら世界中から閲覧可能になるということである．次章で扱うように，アクセスを増やすための多くの工夫がある一方，特に対策をとらなくても少数の人が検索などによってたどりつくことはありうる．まったく予期しない相手が閲覧する可能性が常に生じるのである．

Webサイトは情報公開の手段として強力であり，企業などで求められることも多く，その制作能力は様々な領域で生かすことができる．その反面，コンテンツに問題があったときに運営者側に与えられる悪影響も大きい．第一部のリーガルチェックの対象となるような，明確に他者の権利を侵害するものだけが問題とされるのではない．法に触れていなくても道徳的に問題があると一定数の閲覧者が判断し，いわゆる炎上に至ったケースは枚挙にいとまがない．道徳上の問題すらなくても，単に主張する内容が少数派であるという理由で，そうでない人々が大

量に反発を寄せ，わずかな情報から個人情報を洗い出すといった事例も存在する．

これは，当たり障りのないコンテンツであることを確認すべきである，という意味ではない．様々なリスクを想定したうえで，それが生じても堂々と運営できるコンテンツであることを確認すべきであろう．

12.2 パスとURL

Webシステムを使用する際のサイト公開作業については，インストールからの流れですでに説明してあることから，第10章を参照されたい．本章ではPCで作成したWebサイトのデータをアップロードする手順を紹介する．

アップロードとは，PC（クライアント）にあるデータをサーバ上のしかるべき場所，この場合は自分が権限を持つサーバ上のスペースにコピーすることである．まずはサーバに接続し，自分の領域を見てみよう．ソフトウェアごとにユーザインターフェースは異なるが，IPアドレスまたはURL・ユーザ名とパスワード・ポート番号のセットが必要であることに変わりはない．

接続に成功すると，自分の領域に何があるか確認することができる．このとき，多くの場合は「public_html」というディレクトリ（階層．PCでいうフォルダにあたる）がすでにある．これは公開するWebページを置くための領域である．なければ自分で新しいディレクトリを作成し，public_htmlと名付ける必要がある．

自由な場所に自由な名前でWebサイトを公開しないのは，安全のためである．Webを公開するために設定されたサーバは，このpublic_htmlの下にあるファイルを閲覧可能かつサーバの中での直接の階層関係が見えない状態にしてくれるのだ．ディスクの中の位置関係がそのまま見える状態で公開するのは無防備である．そこでサーバ側で，「homeの下は，~（チルダ）にユーザ名をつければその中のpublic_htmlを指す」といった設定を行う．これにより，構造をむきだしに示すことなく外部からのアクセスが可能になるのである．

スラッシュでディレクトリを表してディスクの中の位置関係を示すやりかたをパスという．たとえばユーザ名sayakaが使用可能なディレクトリは，Aという場所の中のBというディレクトリの中のhomeというディレクトリの中にあるとしよう．この中にあるhtmlファイルは「A/B/home/sayaka/public_html/ファイル名.html」というパスで表すことができる．そして，この本来のパスを指し示すことなくアクセスできる設定がなされたpublic_htmlがあれば，たとえば「http://IPアドレス（またはwww.ドメイン名）/~sayaka/ファイル名.html」というURLが実現するのである．

したがって，Webサイト管理者は，制作に使用したフォルダのすぐ下からの階層がURLのドメインより下の部分になるととらえればよい．たとえば，「制作用フォルダ/kyouritsu/webprof/13_1.html」の制作用フォルダより下をアップロードした場合，URLは，「http://IPアドレス（またはwww.ドメイン名）/~sayaka/kyouritsu/webprof/13_1.html」になる．なお，この「~（チルダ）」つきのURLは，多くのサーバ利用者を手間なく管理する際に適した方法によるもので，サーバ側の設定により，これを用いないURLを作成することももちろん可能である．

また，公開された Web サイトにブラウザでアクセスする際には，ディレクトリ直下にある HTML ファイルのうち「index.html」と名付けられたものについてはファイル名を省略することができる．すなわち，より短い URL を実現することができる．たとえば

```
http://www.cyber-u.ac.jp/
```

が示している HTML ファイルは，実は，

```
http://www.cyber-u.ac.jp/index.html
```

なのである．

12.3 アップロード

さて，public_html を確認あるいは作成したら，クライアント（制作に使用した PC．ネットワークの手前側の端末をこう呼ぶ）の HTML ファイルをその中にコピーする．ソフトウェアにより，ドラッグ&ドロップやフォルダ指定をするのであるが，このとき，制作に使用していたフォルダをそのまま public_html に入れないよう注意しなければならない．余分なディレクトリが 1 つできて，URL が変わってしまう．サーバ側は public_html の直下，クライアント側は制作に用いたフォルダの直下を開いて作業するとよい．

12.4 パーミッション

サーバ上の Web サイトのデータには，誰が閲覧できるか，誰が編集（削除を含む）できるかといった権限を付与することができる．昨今のサーバによく使用されているソフトウェアを使用してアップロードすれば，たいていは自動で当たり障りのない状態，すなわち誰でも閲覧でき編集はそのファイルをアップロードしたオーナーのみ可能，といった状態になる．しかしながら，Web サイト管理者はこれを自覚的にコントロールできなければならない．

ファイルやディレクトリの公開範囲についてのアクセス権を指してパーミッションと呼ぶ．1 つのコンピュータを複数のユーザで使うときには，ファイル・フォルダ単位で権限を分けることが必要になるため，パーミッションが生まれた．たとえば自分のサイトのファイルを，同じコンピュータの他のユーザが変更できないようにするといった条件の制御が必要である．PC ではすでにそのような必要性はないが，現在でも多くのサーバは複数のユーザによって使用される．アップロードされたファイルやディレクトリごとに，サーバ上で設定することができる．

パーミッションの種類は 3 つある [1]．1 つは読み込みである．これがオンなら閲覧でき，オフなら閲覧できない．もう 1 つは書き込みで，ファイルの内容を変更できる．最後の 1 つは実行で，プログラムファイルなどを実行できる権限である（第 10 章などからもわかるように，Web 上には HTML ファイルや CSS ファイルの他，多くのプログラムファイルが存在する）．この

表 12.1 パーミッションの種類と対象.

自分	グループ	その他
書き込み	書き込み	書き込み
読み込み	読み込み	読み込み
実行	実行	実行

3 つの権限を，3 つの対象にそれぞれ与える．自分（オーナー），グループ（自分で設定する），その他（アクセスする全員）である．表 12.1 に組合せを示す．

この種類と対象の組合せによって安全・適切に Web サイトを運営するのであるが，パーミッションには，いわば定番がある．Web ページなら，たいていの場合は誰もが閲覧でき，変更は編集する人だけができるようにしておく．

種類と対象の組合せを表すために表 12.1 を都度示すようなことはできないので，サーバ上ではこれを記号で表している．読み込みが r，書き込みが w，実行が x である．これを 3 セット並べ，先頭のセットを自分，2 番目をグループ，3 番目をその他と見なす．パーミッションがある部分はアルファベットを，ない部分はハイフンを入れる．計 9 文字で表 12.1 のいろいろな組合せを表すことができるしくみである．以下に例を示す．

```
rw-r--r--
```

このとき，自分は読み込みと書き込みができ，実行ができない．その他は読み込みのみができる．

さらに，より少ない文字数，たったの 3 文字でパーミッションを表す方法がある．最初の桁が自分，次がグループ，最後がその他とする．そして読み込み可を 4，書き込み可を 2，実行可を 1 として，それぞれの桁で足す．すべての組合せで足し算の結果が重ならないことから，3 つの数字による表現が可能になるのである．以下に例を示す．

```
rwx → 4+2+1 → 7
755 = rwxr-xr-x
```

公開する Web ページのパーミッションの定番は 755 である．誰でも書き換えられる状態であれば 777 である（目的があってそうする例もないわけではない）．HTML ファイルがそれぞれ持っている情報（プロパティ）にパーミッションが書かれており，権限のあるユーザとしてログインしていればそれを書き換えることができる．FTP クライアントにパーミッションの設定ができる機能がついていることが多い．

12.5 表示のチェックとバックアップ

ここまでの作業で Web ページが外部から閲覧できる状態になっているはずである．チェックしたい Web ページの URL をブラウザのアドレスバーに打ち込み，問題なく Web ページが表示されれば，アップロード成功である．アップロード先を誤る，アドレスバーへの入力を誤るといったミスで指定箇所にファイルがないと，以下のように「Not Found」というエラーが

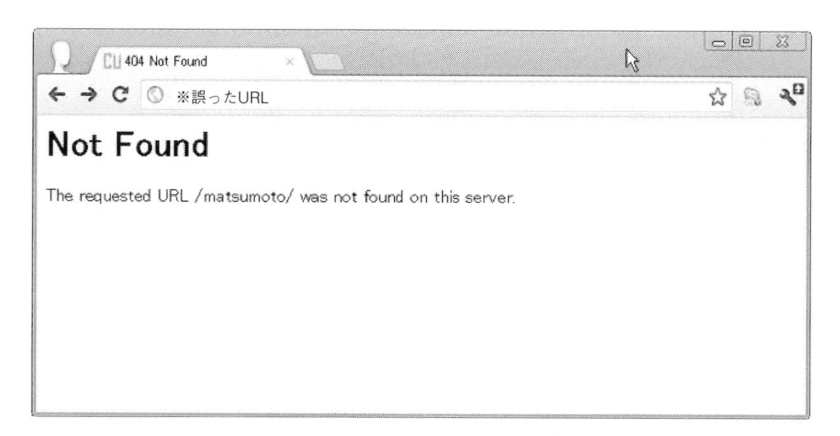

図 **12.1** URL が正しくない場合のエラー例.

表示される（図 12.1）.

また，パーミッションで閲覧を禁じられた URL にアクセスすると，以下のような「Forbidden」というエラーが出る（図 12.2）.

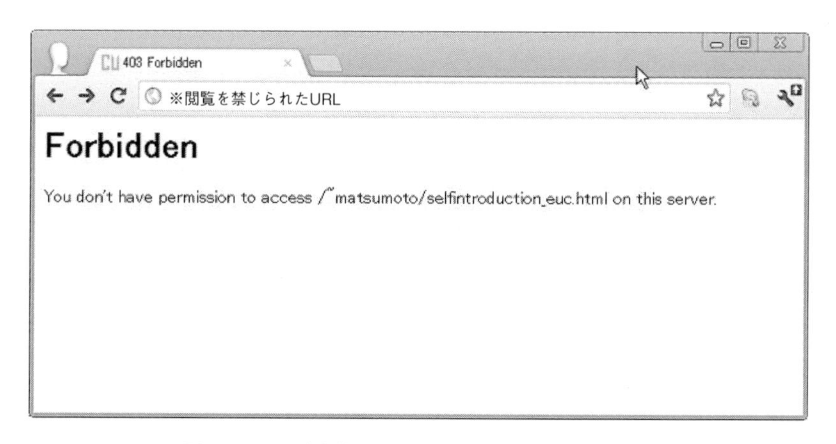

図 **12.2** 閲覧を禁じられた URL にアクセスした例.

これらのようにブラウザが返してくるエラーを含むコードを，HTTP ステータスコードという（2014 年に改訂）[2]．エラーとして表示されるコードには，その解決のためのヒントがある．「Not Found」は 404，「Forbidden」は 403 という数字で表される．こうした 400 番台のエラーは，クライアント側（アクセスする側）に問題があるときに示される．Web サイト管理者として制作したサイトをチェックしていてこの 400 番台が出たときには，正しい場所に正しい権限でアップされているかをチェックし修正する．

これに対し，サーバ側に問題があるときのエラーメッセージは 500 番台である．よく表示される例を挙げると，「503 Service Unavailable」はサーバに過剰な負荷がかかっているか，メンテナンス中などで処理ができないことを表す．「500 Internal Sever Error」はサーバ内部のエラーであって，たとえば，動作させているプログラムに文法ミスがあるといったケースである．すなわち，Web サイト管理者としては，500 番台のときにはサーバ側の情報収集を行う．Web システムを使用している場合，エラー表示もなく「突然全ページが真っ白に表示される」といったエラーが生じることがある．その直前に新しい部品（WordPress ならプラグイン）をインストールするといった動作を行っていないかチェックし，復旧を試みるという対処が一般的である．ユーザが一定数いる Web システムであれば，エラー情報が Web 上で見つかることも多い．

こうした事態に備えるためにも，バックアップは必要である．PC で Web ページを作成している場合，最新版のデータを持っておくだけでよいのであるが，複数人で更新する場合，誰の手元にも最新版がないという状態が起こりうる．そこで定期的にサーバからデータをダウンロードする．自動でミラーリングするツールを用いるのもよい．Web システムの場合，単に出力後の Web サイトのデータだけがあっても復旧することができない．エクスポート（再現可能な形式で出力すること）したデータを保持する必要がある．エクスポートしたデータがあれば，新たなサーバに引っ越しをすることも可能である．

12.6 クロスブラウザ対応

複数のブラウザによって正常表示が可能な Web サイトを制作することをクロスブラウザ対応という．このためには当然のことながら，アップロードしたサイトに対象ブラウザのすべてでアクセスする必要がある．はじめてアップロードし，最初にチェックするのであれば，まずはブラウザ側の HTML5・CSS3 への対応状況を調べておく必要がある．多くのブラウザが多くの要素や属性，動画や音声の形式，API，プロパティに対応してはいるが，すべてのブラウザがそれらすべてに対応しているのではない．自分の Web サイトで使用している要素の中で特にマイナーなもの，真新しいものは対応していないブラウザがあるかもしれない．

対応状況はブラウザ各社によって公開されており，それをまとめた Web サイトも存在する．制作する Web サイトで対応させたいブラウザが，制作に使用したい機能をサポートしているか，検索してから使用するとよい．ブラウザ側が対応しているにもかかわらず正常に閲覧できないのであれば，制作物に何らかの問題があったと推測することができる．

演習問題

設問 1 第 8 章と第 9 章を参照して作成した Web ページを，本章を参照し Web サーバにアップせよ．

設問 2 誤った URL をブラウザのアドレスバーに打ち込み，エラー表示を確認せよ．

参考文献

[1] Linux File Permission Confusion: Generic Syntax, Brian Hatch (2003). http://www.hackinglinuxexposed.com/articles/20030417.html

[2] RFC 7231 Hypertext Transfer Protocol (HTTP/1.1): Semantics and Content, The Internet Engineering Task Force (2014). http://tools.ietf.org/html/rfc7231

第13章 Webサイトを改善する

□ 学習のポイント

本章では，Webサイトを改善する主な手法について解説する．公開したWebサイトは多くの場合，その後継続的に更新される．特にビジネス目的のWebサイトでは，アクセスの数や性質が重要視されることも多く，更新にあたってはコンテンツの改善が期待される．そこで，Webページの検索のされやすさ・アクセスが可能である状態を保つこと・アクセス状態の把握方法，安全性確保のための対策について理解する．

具体的には，以下の内容を学習する．

- 検索の種別とSEOの基本的なしくみを理解する
- アクセス解析の手法について学ぶ
- Webサイトに対する代表的な攻撃手法を理解する

□ キーワード

更新，SEO，アクセシビリティ，スポンサードサーチ，オーガニックサーチ，アクセス解析，セキュリティ

13.1 Webサイトの運営と改善・安全対策

Webサイトは通常，更新を前提とする．長期にわたる運営では，コンテンツ増加に伴い，構成やナビゲーションを見直すことも少なくない．特にビジネス目的のWebサイトではアクセス数を増やすことを意識した改善が重要視される．また，Webサイトは攻撃の対象にもなる．これを防ぎ安全性を確保しなければ，運用そのものがあやうい．そこで本章では，Webサイト改善と安全対策の基本を押さえる．

13.2 SEOとは

SEOとは，検索エンジン最適化(Search Engine Optimization)，すなわち検索エンジンに発見されやすくすることである．Webサイトが大量に存在する現代では，Webサイトを最初

に訪れるきっかけは検索エンジンであるというケースが大変多いと予測される．したがって，検索エンジン最適化は，そのWebサイトを知らない人に発見してもらいやすくすることでもある．

検索エンジンの情報源は「クローラ」と呼ばれるプログラムである．このプログラムが世界中のWebサイトを常時巡回し，コピーを収集している．収集したデータは「キャッシュ」として保存される．これを単語ごとにばらばらにするなどして分析，何について書かれているか，どこからリンクされているかなどを調べる．分析結果から優先度を付与し，データベース化する．検索エンジンを訪れたユーザがキーワードを入力すると，このデータベースから結果が抽出される．これが検索エンジンの基本的なしくみである．

すなわち，検索結果として表示されるためには，まずデータベースに登録されなければならない．さらに，結果の優先度を高めれば検索結果に出やすくなる．SEOではこれをねらって施策を打つ．

このように説明すると，しばしば「検索エンジンの会社にお金を払うことで優先順位を上げてもらうことはできないか」，との質問を受ける．しかし，検索結果の上位を「買う」ことはできない．検索結果の売買が可能になった場合，ユーザから見ると「自分が探したいコンテンツ」というより「お金をかけたコンテンツ」が表示されるのであって，検索エンジンそのものの価値が低下してしまう．そのため，広告は区別して表示される．広告ではない検索を自然検索（オーガニックサーチ）という．SEOはこの自然検索においてより優先度の高い結果をめざすものである．

13.2.1 SEOの基本

検索エンジンはHTMLなどの文書の中でも重要な場所を判断し，そこに入っている文言を重視すると推測される．そこで文書の構造上重要と判断される部分に検索されたい（そのWebサイトを端的に表す）語を入れる．たとえばtitle要素，meta要素などである．Webサイト公開の段階でこれを行うことにより，サイト設計の段階で想定したユーザが調べそうな語を考えておき，実装に入ると理想的である．このとき，より重要な語を浅い階層の文書に入れる．トップページに近いほうが重要なWebページであると判断されるためである．

また，近年のWeb検索では，キーワード単体で目的のWebページを見つけるより，キーワードを組み合わせて見つけるケースが多い．したがって，重要なページに埋め込む語の組合せも意識する必要がある．また，このとき，本来コンテンツとは関係がなく，人々が多く検索しそうな語を入れるという手法が用いられることもあるが，本来関係のない語を入れて流入をねらうことは不適切なだけでなく，その手法を把握した検索エンジン側の対策により，効果も薄い．なお，“”で括ることで日本語も使用可能である．以下に例を示す．

```
<meta name="keywords" content="Web制作，テキスト，共立出版">
```

さらに，検索結果にはWebページのタイトルだけでなく，説明文も表示される．meta要素に書き込んだものが表示されるものである．検索結果に表示された後クリックされる確率を上げるため，短くわかりやすく，そのWebサイトのターゲットにとって魅力的と思われる文章を記入する．

また，別のサイトからリンクされると検索結果の優先順位が上がることがわかっている．その別のサイト自身の優先順位にも依存することから，重要なサイトからリンクされるとSEOとして効果的である．グループ企業・団体などが相互にリンクを張る，ポータルサイトなどに登録するといった手法がある．クローラがWebページを集める前の時代には，人間がWebサイトを登録して検索対象にしていたのであるが，現在でも，目的を絞って人間が登録している検索サイトや，人間が掲載対象を吟味したポータルサイトも存在する．これらへの掲載も，直接の流入の他，検索エンジンの評価が上がる効果が見込まれる．

このとき，実際に関係するWebサイトがリンクを張るのではなく，検索結果に及ぼす影響を目当てに無関係なサイトに，たとえば報酬を支払って掲載してもらう，といった行為は不適切である．検索サイトの定めるガイドラインには，このようなリンクの売買など，不適切なSEO対策について記載されており，違反すると検索結果のデータベースから外されるといった対処がなされる．SEOを担当する場合，このガイドラインに目を通し，違反にならないよう注意しなければならない．もちろん，ガイドラインにかかわらず，Webサイトとして適切でないリンクなどは行うべきではない．

13.2.2 アクセシビリティ向上とSEO

アクセシビリティガイドライン（第3章参照）では，ページタイトルや見出し，代替テキストを適切に提供することが求められている．アクセシビリティで重視される点をクリアすると，文書の構造が明確になり，人間だけでなく，プログラムによるHTML文書の読み解きも容易になる．すなわち，検索エンジンもHTMLを正しく読んでくれるのである．さらに，アクセシビリティガイドラインが重視している点と検索エンジンが重視し検索結果の順位を決めている部分に重なりがある．すなわち，アクセシビリティガイドラインをクリアすると，副次的にSEOにもなるのである．

13.3 アクセス解析とは

前項のような基本のSEOを行った後，そのサイトがどれだけ検索され，訪問されているかを知る必要がある．SEOは検索エンジンに着目したWebサイト集客対策であるが，Webサイト運営においては，ねらったキーワードでの検索順位だけにこだわるべきではない．実際に訪問されたか否かが大変重要である．それを知るための手法が，アクセス解析である．

アクセス解析とは，あるWebページに対して，どのくらいのユーザが，何を経由して来訪したか，また，来訪した後どの程度そのWebサイトに滞在したかを示すデータである．訪問者がどのような環境（OS，ブラウザ）からアクセスしているかがわかり，ここから使用しているデバイスを推測することも可能である．ある程度Webサイトを運営した後であれば，期間ごとの違いや，コンテンツ更新の後の変化なども見ることが可能である．

先に解説したSEOの結果はすぐには出ない．新規サイトなら1ヵ月程度は必要である．完全に効果が出るまで1年必要なケースも存在する．定期的にアクセス解析を行いながら，SEOを含めたサイトのメンテナンスを行うとよい．

アクセス解析では第一に，基本のアクセス数を見る．Webサイトのユーザ数（訪問者数）と，ユーザによる閲覧など一連のアクションの数であるセッションの数である．さらに，ヒットしたキーワードとその組合せをチェックする．どのキーワードを経由してWebサイトにたどりついたかを見ることで，SEOはもとより，ターゲットとして想定しているユーザが来ているかといった推測も可能になる．また，Webサイトの目的・性質に合わせて期間を区切って比較などを行い，コンテンツ更新やSEOの効果をはかることもよく行われる．新規ユーザと再訪者の集計やアクセス環境などから，ユーザの性質もある程度推測することができよう．直帰率とは，訪問して他のページに移動するなどの動きをせずサイトを離れたユーザの率である．これも，「新規ユーザがあまり興味をもたずに離れた」といった推測を可能にする数字である。

13.3.1 アクセス解析の例

アクセス解析のデータ例を通し，基本を理解する．無償で使用可能なアクセス解析ツール・Googleアナリティクスを使用し，長期間運用したWebサイトのデータを用いている．

Googleアナリティクスは無料のオンラインアクセス解析ツールである．アクセス解析ツールはさかのぼって取得することはできない．サイト開設時に導入しておくことが理想的である．Googleアナリティクスを導入すると，Webサイトのすべてのページに訪問者測定のコードが埋め込まれ，その合計がわかりやすく表示される．要素や期間を指定しての集計や作図を容易に行うことができ，検索エンジンからの流入についてキーワード別にアクセス数を集計するといったことも可能である．以下にGoogleアナリティクスのデータをExcel形式でダウンロードし，使用している例を示す（表13.1，13.2）．

表 13.1 アクセス解析データ例 1.

日付	セッション	ユーザ	直帰率
2010/6/9	551	442	75.32%
2010/6/10	472	405	77.12%
2010/6/11	486	401	75.72%
2010/6/12	321	252	73.83%
2010/6/13	336	235	78.57%
2010/6/14	427	320	78.69%
2010/6/15	541	405	78.00%
2010/6/16	429	347	75.99%
2010/6/17	452	380	71.68%
2010/6/18	472	375	77.97%
2010/6/19	395	320	76.20%
2010/6/20	324	250	81.48%
2010/6/12	505	394	76.44%
……			

表 **13.2** アクセス解析データ例 2.

キーワード	セッション	新規セッション率	新規ユーザー	直帰率	ページ/セッション	平均セッション時間
キーワード A	5501	7.47%	411	52.77%	3.56	282.32
キーワード B	2104	0.81%	17	76.76%	1.91	131.27
キーワード C	929	18.19%	169	56.19%	3.23	259.50
キーワード D	729	10.01%	73	49.79%	3.39	303.08
キーワード E	551	6.53%	36	56.99%	3.30	290.42
キーワード F	502	7.77%	39	55.78%	3.74	370.72
キーワード G	500	12.40%	62	57.60%	3.61	289.32
キーワード H	427	1.17%	5	56.67%	2.78	252.52
キーワード I	398	0.50%	2	44.22%	1.98	179.43
キーワード J	351	0.00%	0	96.87%	1.03	10.29
	106067	2.17%	2302	75.67%	1.91	128.80

13.3.2 アクセス解析を用いた SEO・ソーシャルメディア活用

このアクセス解析の結果は SEO にも活かすことができる．最初に，Web サイトの目的に応じた SEO をし，アクセス解析ツールを導入した状態でしばらく運営し，SEO の結果が出ているかを見るのである．具体的には，どのキーワードでどれだけの人が来たか，その人たちはサイトとマッチしていたか（滞在時間などから推測可能），といった検証を行う．その結果を受け，SEO の方法を変更するなど，新しい対策を加えることができる．

新規閲覧者が訪れるルートとして，検索エンジン経由に次いで注目されるのがソーシャルメディアである．ソーシャルメディアのリンク先は通常，他のリンクのように SEO のプラスにはならない．しかし，検索結果に影響しなくても，ソーシャルメディアによる訪問者自体が無視できない数に及ぶ．したがって，ソーシャルメディアの影響をはかることも，Web サイト運営にとって重要である．

アクセス解析により，どのソーシャルメディアからどの程度の流入があったかを知ることができる．アクセス元としてソーシャルメディアのドメイン名を指定すればよい．どのように拡散したのかを探り，より多くの訪問者を得られるよう改善するための指針を得ることができる．たとえば，アクセス解析の結果，Twitter で多く言及されていたとしよう．Twitter での言及を調べるサービスが別途あることから，これによって自分が管理する Web サイトへのリンクを含むツイートを検索する．ここから，口コミしてくれた層と口コミで流行したルートが明らかになる．この層に Web サイトのこの部分のコンテンツが受け入れられた，といったマーケティング的な情報も得ることができるのである．

13.4 Web サイトに加えられる危害

本章の前半部分が Web サイト運営のオフェンスであるならば，後半ではディフェンス，すなわちセキュリティを扱う．Web サイトを安全に運営するために必要な最低限の知識を得ることを目的とする．どのような部分をついたどのような攻撃があるかを学び，その攻撃から守るための手法を把握するという構成をとる．攻撃対象となる弱い部分を「脆弱性」という．

なお，本章では Web サイトの管理者がサーバ管理やプログラムの開発を直接しておらず，サイトのみ管理していることを想定している．

13.4.1 DoS 攻撃・DDoS 攻撃

DoS とは，Denial of Service，すなわちサービス運用妨害を意味する．Web サイトのサービスを妨げる攻撃である．この攻撃を受けた Web サイトを閲覧しようとすると表示が遅くなったり，閲覧ができなくなったりする．当然のことながら，Web サイトを訪れたユーザに不利益をもたらす．

DoS 攻撃の方法は比較的単純である．Web サーバに集中して大量のアクセスを行うのである．大量にアクセスがあると処理しきれなくなり，新たなアクセス（正当なユーザのアクセス）を受け付けることができなくなってしまう．いわゆる「サイトが落ちた」状態である．この攻撃のための大量のアクセスは，プログラムなどで実現している．

大量にアクセスするという手口の単純さゆえに，すべての Web サイトに対して可能な攻撃である．攻撃者が自分の PC などからプログラムを使用して大量のアクセスを行っている場合，同一 IP アドレスからの接続を制限することが対策としては有効である．攻撃者と特定された IP アドレスは接続そのものを拒否するのである．

ところが，攻撃元がたくさんあると，1 つを制限しても攻撃がやまない．そうした攻撃を実現するのが DDoS 攻撃である．悪意あるプログラムで他者の PC など，多くの送信元を装い，大量のアクセスを送りつけるのである．攻撃対象に起きることは DoS 攻撃と同じだが，攻撃元が 1 つではないところが異なる．多くの端末から攻撃されるため，アクセスを制限すべき IP が大量にあることになる．同一 IP アドレスからのアクセス回数制限はこのタイプにも有効だが，送信元を偽る技術が用いられているケースもある．攻撃者と推測される IP アドレスを拒絶するフィルタなどもあるが，根本的な解決方法はないといえる．そのためか，DDoS 攻撃は大量に行われている．

13.4.2 アクセス制御の不備や，何らかの情報が推測される状態を悪用する攻撃

本来は一般の閲覧に供すべきでない情報が書かれた Web ページ，たとえば個人情報が書かれたページなどがあると，これを悪用されることがある．本来はパスワードをつけるなどの対策をしなければならないページがそのままになっていた，といったケースである．ユーザが情報を入力できるページがあり，Web サイトの管理者がそれを見逃してしまったときによく起きる．また，パスワードがかかっていても，簡単なパスワードであれば，推測して悪用するケースがある．

また，サーバ上で動くプログラムなどが，サーバ内のファイルをパスがわかる形で指定している場合に，それを悪用する攻撃も存在する（ディレクトリ・トラバーサル）．攻撃者がそのパスを用いて，公開を想定していないファイルを閲覧し，あるいはファイルを改ざんする．

セッション ID も，不備があると悪用されやすい．セッション ID とは，Web サイトでユーザが買い物などをする場合，サイト側のプログラムが各ユーザに貼るラベルを指す．「この買い

物をしている人はこの人」という結びつけのための情報である．ところが，セッション ID の付け方が単純すぎると，攻撃者が別の ID を推測することができる．すると，攻撃者がセッション ID を書き換え，被害者になりすまして買い物や書き込みなどを行うことができるのである．

こうした攻撃を防ぐには，ひとえに不備をなくし，情報を推測されないよう対策することである．限られた人しか見てはいけない情報が書かれている場合，パスワードの入力を必要とする認証機能を設け，しかも単純なパスワードを拒否する機能をつける．

サーバ上で動くプログラムなどが，サーバ内のファイルをパスがわかる形で指定している場合，パスがわからないよう設計されたプログラムを用い，ファイルへの権限設定を適切に行う．セッション ID の付け方が単純で，攻撃者が別の ID を推測することが可能であることによる「なりすまし」に対しては，セッション ID が推測困難なプログラムを用いる，あるいは，セッション ID がログイン後に切り替わるプログラムを用いる．

Web サイト上で何らかのプログラムを動かしているが，サイト管理者はそのプログラムを直接書いておらず，フリーのプログラムを利用したり，発注して使用したりするなどの例は大変多い．こうした攻撃手法を知っていることで，プログラムの機能をチェックし，Web サイトに脆弱性をもたらすプログラムの使用を防ぐことができる．

13.4.3 悪意あるプログラムを注入する攻撃

フォームや掲示板は通常，文字や選択肢の入力を前提としている．ところが，攻撃者がこれを悪用し，送信先のサーバで動作する悪意のプログラムを入力し，送信先に悪意ある機能を持たせてしまう攻撃手法が存在する．これをクロスサイトスクリプティングという．この攻撃をされたサイトにユーザがアクセスすると，被害に遭う．

攻撃の詳細は以下のとおりである．攻撃者はまず，攻撃が通用しそうなサイトを見つける．具体的には，フォームや掲示板などに書き込んだプログラムが動く環境を発見する．その後，このサイトへのリンクを設置した罠サイトを作成する．そして，閲覧者がこのサイトのページをクリックし，罠サイト経由で攻撃対象のサイトに行くよう誘導する．リンクにはスクリプトや HTML タグの断片が埋め込まれている．閲覧者が攻撃対象サイトを開くと，自動的に悪意あるスクリプトが埋め込まれ，閲覧者の Web ブラウザで実行されてしまう．

さらに複雑な攻撃としては，被害者がどこかの Web サービスにログインした状態で悪意あるプログラムが仕込まれた URL をクリックすると，ログイン中の Web サイトで，被害者の意思とは異なる操作や書き込みをされてしまう，といったものもある（クロスサイト・リクエスト・フォージェリ）．

悪意のプログラムを仕込むルートは掲示板やフォームに限らない．Web サーバがブラウザに対して送信する HTTP ヘッダに仕込むこともある．HTTP ヘッダをブラウザから送信される情報を基に Web ページを作成するプログラムがあるのだが，このプログラムに問題があった場合，HTTP ヘッダの情報に悪意あるプログラムを埋め込まれ，偽ページなどを作られてしまう（HTTP ヘッダ・インジェクション）．被害はクロスサイトスクリプティングと同じように生じる．さらに，データベースを連携しているシステムだと，データベースへの命令文に悪意ある命令を加え，実行させるものも存在する（SQL インジェクション）．データベース連携のシステムはより多くの情報を扱い，ユーザ登録などに用いられていることから，Web サイトに登録しているユーザの個人情報などを奪われてしまうといった，深刻な被害が生じかねない．

これらの攻撃はいずれも，サーバサイド技術上の問題を突いたものである．サーバ上で動作するプログラムが一般化し，入手や利用自体は簡単になった．これを利用しながら安全を保つには，Web サイト管理者がよくわからないままプログラムを設置することなく，攻撃手法の概略を知ったうえでその対策が立てられたプログラムを使用する必要がある．

たとえば，フォームや掲示板など入力可能な部分から悪意あるプログラムを送るクロスサイトスクリプティングに対しては，HTML タグの入力を許可しないプログラムや，プログラムが出力する HTML ファイルのすべての要素に「エスケープ処理」が施されるものを使用する，といった対策を取るのである．

しかしながら，Web サイトに使用しているプログラムに脆弱性があり，改善が期待できず，すぐに使用をやめることもできない，といったシチュエーションも考えられる．その場合にもできる対策としては，ファイアウォールがある．攻撃の要素を含む通信を検知し，拒否するソフトウェア・ハードウェアである．

新たな攻撃手法が開発されると，それを防ぐ対策が立てられる．するとまた新たな攻撃手法が生み出され，それを防ぐ対策が立てられ……という具合に，セキュリティの歴史は「いたちごっこ」である．したがって，完全な安全対策というものは原理的に存在しないといってよい．Web サイト管理者は攻撃手法に関する基本的な知識を持ち，内容を把握していないプログラムを安易に設置せず，アップデートされるセキュリティ情報をチェックすることが大切である．書籍などより迅速に都度のセキュリティ情報を得る場としては，独立行政法人情報処理推進機構 (IPA) の提供しているものがある．ここで情報セキュリティの項を探すと，その段階での新しい情報が手に入る．本書執筆時の最新情報が掲載された URL を参考文献に記載する [1].

演習問題

設問 1　アクセス解析を用いて 1 ヵ月・1 年の段階でそれぞれわかることを推測しよう．

設問 2　セキュリティについて本文中の独立行政法人情報処理推進機構の Web サイトを検索し，現段階での最新情報を得て，簡単にまとめよう．

参考文献

[1] 独立行政法人情報処理推進機構 (IPA)：セキュリティセンター 2014 年度 8 月の活動 (2014).
https://www.ipa.go.jp/about/report/ipa201408.html

索　　引

記号・数字

X

あ行

か行

さ行

た行

な行

は行

ま行

や行

ら行

わ行

著者紹介

［編著者］

松本早野香(まつもと さやか) (執筆担当章：はじめに,第3,10,11,12,13章)

略　歴：2008年3月 名古屋大学大学院人間情報学研究科博士後期課程単位取得退学
2011年3月 名古屋大学大学院人間情報学研究科 博士（学術）学位 取得
2011年4月 サイバー大学IT総合学部助教
2011年9月 サイバー大学IT総合学部専任講師
2015年4月–現在 大妻女子大学社会情報学部専任講師

主　著：『未来へつなぐ デジタルシリーズ19 Webシステムの開発技術と活用方法』（共著）共立出版 (2013),『「思い出」をつなぐネットワーク—日本社会情報学会・災害情報支援チームの挑戦—』（共著）昭和堂 (2014).

学会等：社会情報学会員

［執筆者］

服部　哲(はっとり あきら) (執筆担当章：第4, 5, 6, 7章)

略　歴：2004年3月 名古屋大学大学院人間情報学研究科博士後期課程単位取得退学
2004年4月 神奈川工科大学情報学部 助手
2005年3月 名古屋大学大学院人間情報学研究科 博士（学術）学位 取得
2007年10月 神奈川工科大学情報学部情報メディア学科 助教
2010年4月 神奈川工科大学情報学部情報メディア学科 准教授
2014年4月–現在 駒澤大学グローバル・メディア・スタディーズ学部 准教授

主　著：『未来へつなぐ デジタルシリーズ19 Webシステムの開発技術と活用方法』（共著）共立出版 (2013),『情報倫理—ネットの炎上予防と対策—』（共著）共立出版 (2013),『「思い出」をつなぐネットワーク—日本社会情報学会・災害情報支援チームの挑戦—』（共著）昭和堂 (2014).

学会等：情報処理学会員，社会情報学会員，地理情報システム学会員

大部由香(おおぶ ゆか) (執筆担当章：第8, 9章)

略　歴：2004年3月 茨城大学大学院理工学研究科博士前期課程情報工学専攻修了 修士（工学）
2004年4月 株式会社富士通ソーシアルサイエンスラボラトリ入社
2010年3月 茨城大学大学院理工学研究科博士後期課程情報・システム科学専攻修了 博士（工学）
2010年4月 茨城大学イノベーション創成機構ベンチャービジネス部門非常勤研究員
2011年4月 茨城大学工学部非常勤研究員
2012年4月 株式会社ユニキャスト執行役員
2013年4月–現在 大学非常勤講師

主　著：『未来へつなぐ デジタルシリーズ19 Webシステムの開発技術と活用方法』（共著）共立出版 (2013).

学会等：電子情報通信学会員，社会情報学会員

田代光輝 (たしろ みつてる) **(執筆担当章：第 1，2 章)**

略　歴：1995 年 9 月 慶應義塾大学環境情報学部 卒業
2005 年 9 月–現在 産業技術大学院大学 講師（登録）
2014 年 10 月–現在 慶應義塾大学 SFC 研究所 上席研究員
2015 年 4 月–現在 多摩大学情報社会学研究所 准教授
2015 年 4 月–現在 慶應義塾大学大学院 政策メディア研究科 特任准教授

受賞歴：2014 年 5 月 情報社会学会研究発表大会 プレゼンテーション賞
2014 年 10 月 2014 年グッドデザイン賞 金賞

主　著：『情報倫理—ネットの炎上予防と対策—』（共著）共立出版 (2013).

学会等：情報社会学会員，社会情報学会員，自治体学会員

未来へつなぐ デジタルシリーズ 32
Web 制作の技術
—企画から実装，運営まで—

Website Creation Skills
—From Planning and implementation to management of the website—

2015 年 11 月 15 日　初　版 1 刷発行

検印廃止
NDC 547.483

ISBN 978-4-320-12352-6

編著者　松本早野香
著　者　服部　哲
　　　　大部由香　© 2015
　　　　田代光輝

発行者　南條光章

発行所　**共立出版株式会社**
郵便番号 112–0006
東京都文京区小日向 4–6–19
電話　03–3947–2511（代表）
振替口座　00110–2–57035
URL http://www.kyoritsu-pub.co.jp/

印　刷　藤原印刷
製　本　ブロケード

一般社団法人
自然科学書協会
会員

Printed in Japan

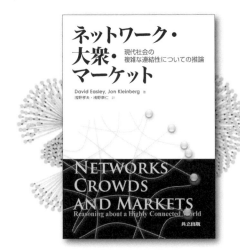